PROBLEME UND ERGEBNISSE
AUS BIOPHYSIK UND STRAHLENBIOLOGIE
III

PHYSIKALISCHE GESELLSCHAFT
IN DER DEUTSCHEN DEMOKRATISCHEN REPUBLIK

PROBLEME UND ERGEBNISSE AUS BIOPHYSIK UND STRAHLENBIOLOGIE

III

BERICHT ÜBER DIE FÜNFTE ARBEITSTAGUNG BIOPHYSIK
DER PHYSIKALISCHEN GESELLSCHAFT
IN DER DEUTSCHEN DEMOKRATISCHEN REPUBLIK
VOM 15.—17. NOVEMBER 1960 in BERLIN

Herausgegeben von Dr. W. ESCHKE
Physikalisch-Technisches Institut der Deutschen Akademie
der Wissenschaften zu Berlin — Bereich Strahlungsanwendung

und Dr. G. SIEGEL
Institut für Strahlenforschung der Humboldt-Universität Berlin

Mit 68 Abbildungen und 11 Tabellen

AKADEMIE-VERLAG · BERLIN
1962

Herausgegeben im Auftrag der Physikalischen Gesellschaft
in der Deutschen Demokratischen Republik

Alle Rechte vorbehalten, insbesondere das der Übersetzung in fremde Sprachen
Copyright 1962 by Akademie-Verlag GmbH, Berlin

Erschienen im Akademie-Verlag GmbH, Berlin W 8, Leipziger Straße 3—4
Lizenznummer: 202 · 100/563/62
Gesamtherstellung: VEB Druckerei „Thomas Müntzer" Bad Langensalza
Bestellnummer: 5447 · ES 18 G 1 · Preis: DM 35,—

INHALTSVERZEICHNIS

ABEL, H.	Eine n-γ-Kompensationsanordnung zur Dosimetrie schneller Neutronen	7
MATSCHKE, S.	Messungen mit gewebeäquivalenten Ionisationskammern	10
HEINRICH, R.	Effektivitätsvergleich zwischen Ionisationskammer und Zählrohranordnung für die Messung von A^{41}	17
JÄGER, J.	Zur Frage der „Charakteristischen Energieverluste" beim Durchgang langsamer Elektronen durch organische Folien	18
ROSSBANDER, W.	Strahlenschutzmessungen am Rossendorfer Zyklotron	23
TOLKENDORF, E.	Bestimmung der β-Aktivität in der näheren Umgebung des ZfK Rossendorf	25
NIESE, U.	Untersuchungen zur Dekontamination von Oberflächen	28
KROKOWSKI, E.	Biologischer Strahlenschutz durch Körperganz-Vorbestrahlung	34
FLEMMING, K.	Über die Wirkungsweise der Strahlenschutzstoffe	39
MÖNIG, H.	Über den photosensibilisierten Abbau von Makromolekülen durch aromatische Kohlenwasserstoffe	55
PFENNIGSDORF, G.	Photochemische Umwandlungsprodukte in UV-bestrahlten wäßrigen Lösungen von l-Histidin	58
WETZEL, R.	Versuche zur Erklärung des Mechanismus der Entstehung von UV-Krebs	59
HOFFMANN, T. A. u. LADIK, I.	Eine mögliche Erklärung des krebsbildenden Effekts der Strahlung und einiger Kohlenwasserstoffe durch die Elektronenstruktur der Nukleinsäure	62
THOM, H. G. u. NICOLAU, Cl.	Elektronenresonanzuntersuchungen an Nukleinsäuren und Enzymen	67
WACKER, A.	Strahlenchemische Veränderung der Nukleinsäuren in vivo und vitro	72
RATHSACK, H.	Über die bewuchshemmende Wirkung photochemisch aktiver Zinkoxyde in Unterwasserfarben	75
SIEGEL, G.	UV-Wirkung auf Pandorina morum in Abhängigkeit vom Entwicklungsalter	79
ŠMARDA, J.	Über die Beziehungen zwischen Colizinen und Coli-Bakteriophagen	81

Rosenthal, H. A.	Beobachtungen über den burst size der T-Phagen	86
Schober, B. u. Gross, K.	Dosisabhängigkeit röntgeninduzierter Neoplasmen in Ratten	88
Dienstbier, Z. u. Rakovič, M.	Blutserumdichteveränderungen nach Ganzkörperbestrahlung	92
Eckoldt, K.	Das relative Emissionsvermögen der menschlichen Haut	95
Buchmüller, K.	Untersuchungen über die Ultrarotstrahlung des Menschen	102
Voigt, G.	Globalstrahlungsmessungen	112
Lau, E.	Das Doppelmikroskop und seine Anwendung auf biologische Probleme insbesondere der Mitose	121
Przestalski, S.	Der Austausch von P^{32}-Ionen zwischen dem Plasma und den Erythrocyten	122
Rödenbeck, M.	Schlagvolumenbestimmung aus dem Ballistokardiogramm	126
Lukas, O., Pliquett, F. u. Sauer, I.	Zelltrennung bei Oxytrichiden	130
Völz, H.	Kanalkapazität des Ohres und optimale Anpassung akustischer Kanäle	136
Bugyi, B.	Kritische Bemerkungen zur Frage der Materialermüdung beim lebenden Knochen	146

Zentralinstitut für Kernphysik, Rossendorf

(Direktor: Prof. Dr. H. Barwich)

Eine n—γ-Kompensationsanordnung zur Dosimetrie schneller Neutronen

H. ABEL, Rossendorf

Bei der Dosimetrie von Strahlungsgemischen werden im allgemeinen an ein Dosimeter folgende 4 Forderungen gestellt:

1. Das Dosimeter muß für *eine* Strahlenart so empfindlich sein, daß die für Dauerbestrahlung maximal zulässige Dosisleistung meßbar ist.
2. Für alle anderen Strahlenarten muß die Empfindlichkeit vernachlässigbar klein sein. Diese Forderung berücksichtigt die unterschiedliche biologische Wirksamkeit verschiedener Strahlenarten.
3. Der Anzeigewert des Dosimeters muß unabhängig von der Energie der Strahlung der Gewebeabsorption proportional sein. Mit der Erfüllung dieser Forderung ist die Berechtigung der Bezeichnung *Dosimeter* verknüpft. Allerdings ist es insbesondere bei Neutronen aus verschiedenen Gründen vertretbar, hier einen Fehler von etwa $\pm 20\%$ zuzulassen.
4. Die Ansprechempfindlichkeit des Dosimeters muß richtungsunabhängig sein. Diese Forderung erklärt sich daraus, daß es sich bei Strahlenschutzmessungen häufig darum handelt, in ausgedehnten Streustrahlungsfeldern die mögliche Strahlenbelastung für dort arbeitende Personen zu ermitteln.

Orientiert man sich bei der Realisierung dieser 4 Forderungen auf die Ionisationsmethode, dann kann man als wichtigstes Argument hierfür anführen, daß durch die prinzipielle Anwendungsmöglichkeit des GRAY-BRAGGschen Prinzips bei Einhaltung bestimmter Bedingungen aus dem Ionisationsmeßwert in einfachster Weise auf die Gewebeabsorption umgerechnet werden kann.

Das GRAY-BRAGGsche Prinzip ist dann anwendbar, wenn entweder die mittlere lineare Ausdehnung des Gasraumes klein ist gegen die Reichweite der ionisierenden Sekundärteilchen im Gas, oder wenn die atomare Zusammensetzung von Gas und Wandmaterial identisch ist. In diesem Fall brauchen die Abmessungen des Gasraumes nicht mehr klein zu sein.

Um eine ausreichende Empfindlichkeit entsprechend der 1. Forderung zu erhalten, läßt sich leicht ausrechnen, daß der Gasraum einige Liter betragen muß. Damit scheint das GRAY-BRAGGsche Prinzip nur dann erfüllt zu sein, wenn Kammerwand und Gas identisch in der atomaren Zusammensetzung gewählt werden. Bei den bisher in der Literatur beschriebenen Anordnungen wurde daher auch stets diese Regel eingehalten. Man verwendete z. B. Polyaethylen als Wandmaterial und Aethylen als Gas. Damit hat man in idealer Weise eine sogenannte gewebeäquivalente GRAY-BRAGG-Anordnung.

Da diese Ionisationskammer auch für γ-Strahlung empfindlich ist, muß ihr eine zweite Kammer gleicher Dimension entgegengeschaltet werden, in der durch γ-Strahlung der gleiche Ionisationsstrom erzeugt wird, die aber auf Neutronen vernachlässigbar reagiert. Üblich ist es, hierfür eine CO_2 gefüllte Aluminiumkammer zu verwenden. Die Balance der γ-Ionisationsströme wird dabei durch Druckabgleich erreicht. Werden diese beiden Kammern nebeneinander angeordnet, dann ergibt sich eine unerwünschte Richtungsabhängigkeit.

Dieser Nachteil läßt sich leicht vermeiden, wenn die Kammern konzentrisch aufgebaut werden. Der konzentrische Aufbau ist gleichzeitig mit dem Vorteil verbunden, daß durch die dann geringen Elektrodenabstände die erforderlichen Sättigungsspannungen klein sein werden.

Diese Art Kugelspaltkammer legt nun folgende Überlegung nahe. Bleibt der Elektrodenabstand unter einer bestimmten Grenze, dann wird die Anwendung des GRAY-BRAGGschen Prinzips auch dann möglich sein, wenn Gas- und Wandmaterial in ihrer atomaren Zusammensetzung nicht identisch sind. Wir haben daher die Frage der maximal möglichen Spaltbreite für die Kombination Polyaethylen-Luft (1 mm Wandstärke) untersucht und festgestellt, daß für Po-Be-Neutronen der Elektrodenabstand 2,5 cm sein darf, ohne daß die Korrektur des Stromwertes 10 % übersteigt.

Eine ausführliche Darstellung der Untersuchung über die Gültigkeitsgrenzen des GRAY-BRAGGschen Prinzips befindet sich in Vorbereitung und wird demnächst veröffentlicht.

Es ist bei dieser Spaltbreite möglich, Kammern mit Volumen von 6 l zu erhalten (Spaltvolumen) bei einem Radius der äußeren Kammer (Polyaethylen-Luft) von 15 cm. Diese Größe ist einerseits für eine stationäre Anordnung der Kammern in Reaktor- oder Beschleunigerhallen noch vertretbar und andererseits auch ausreichend, um bei der maximal zulässigen Dosisleistung (100 mrem/Woche = 0,7 μrem s^{-1}) noch gut meßbare Ströme zu erhalten.

Der Arbeit von REYNOLDS u. a. sowie AGLINZEW ist zu entnehmen, daß bei Wahl des relativen Bremsverhältnisses für Polyaethylen-Luft mit $\delta = 2{,}40$ der Energiefehler im Bereich von 0,2—10 MeV Protonenenergie kleiner ist als $\pm 18\%$.

Für den Fall, daß der Ionisationsstrom durch Messung des Spannungsabfalles an einem Widerstand R bestimmt wird, ergibt sich für die von uns gewählte Anordnung folgender Zusammenhang zwischen Spannungsabfall und Dosisleistung:

$$U = 1{,}4 \cdot 10^{-10} \cdot R \frac{\text{mV}}{\mu\text{rem s}^{-1}}.$$

Bei Verwendung eines Widerstandes $R = 5 \cdot 10^{11}\ \Omega$ erhält man also einen gut meßbaren Spannungsabfall von 70 mV für 1 μrem s^{-1}.

Die innere Kammer unserer konzentrischen Anordnung bestand aus einer ebenfalls luftgefüllten Aluminiumkammer. Ihre Außenelektrode diente als Sammelelektrode für beide Kammern. Die Strombalance für γ-Strahlung wurde nicht durch Druckabgleich erreicht, sondern zunächst mit Hilfe eines eingebauten Gitters, wie das von RAJEWSKY vorgeschlagen wurde.

Eine Untersuchung der Abhängigkeit des Gitterpotentials von der γ-Dosisleistung ergab, daß bei Wahl eines fest eingestellten Gitterpotentials der Spannungsabfall an $5 \cdot 10^{11}$ Ω bis 40 mr h^{-1} kleiner als 4 mV blieb.

Eine noch nicht abgeschlossene Untersuchung hat bereits ergeben, daß eine noch bessere γ-Diskriminierung erreichbar ist, wenn auf das Gitter verzichtet wird und statt dessen die endlichen Steigungen der Sättigungscharakteristiken beider Kammern ausgenutzt werden. D. h. bei Wahl verschiedener Sättigungsspannungen an den beiden Kammern ist es ebenfalls möglich, gleiche γ-Ionisationsströme zu erzielen. Die geringen Elektrodenabstände erlauben das Arbeiten mit Spannungen von einigen 10 Volt. Wird die Spannung der neutronenempfindlichen äußeren Kammer fest eingestellt, dann zeigt sich natürlich auch hier, daß die Spannung der inneren Kammer zur Erreichung gleichen γ-Ionisationsstromes von der γ-Dosisleistung abhängig ist. Jedoch ergibt diese Variante eine Erweiterung der γ-Diskriminierung von 40 mr h^{-1} auf 120 mr h^{-1} bei geeignet gewählten fest eingestellten Spannungen, wobei wiederum der Spannungsabfall, hervorgerufen durch den Differenzstrom, kleiner als 4 mV bleibt.

Da in der Praxis eine derartige γ-Dosisleistung im allgemeinen auch von einer vielfachen Toleranzdosisleistung schneller Neutronen begleitet ist, kann dieser Spannungsabfall vernachlässigt werden.

Die kugelkonzentrische Anordnung der Ionisationskammern kann also für stationäre Überwachungsaufgaben eingesetzt werden. Dadurch, daß beide Kammern luftgefüllt sind, ist sie außerordentlich betriebssicher und auch denkbar einfach in ihrer mechanischen Fertigung. Sie ist ausreichend empfindlich gegenüber Neutronen, wobei der Anzeigewert (Spannungsabfall) mit vertretbaren Abweichungen der Gewebeabsorptionsrate pro Neutronen-Flußeinheit proportional ist. Bis 120 mr h^{-1} ist die Kompensationsanordnung gegenüber γ-Strahlung praktisch unempfindlich. Bei stärkerem γ-Untergrund muß der genaue Zusammenhang zwischen Kammerspannung und γ-Dosisleistung beachtet werden.

Da im Rahmen dieses Kurzvortrages nicht auf alle Einzelheiten eingegangen werden konnte und überdies eine ausführliche Publikation unserer Untersuchungen über die Strahlenschutzdosimetrie schneller Neutronen in Vorbereitung ist, möchten wir uns hier auf diese kurze Mitteilung beschränken.

Literatur

[1] REYNOLDS, H. K. u. a., Phys. Rev. 92 (1953) 743.
[2] BRETSCHER, E. u. FRENCH, A. P., British Report BR-517, 14 (1944).
[3] ZIMMER, HESS, Phys. Z. 42 (1941) 360.
[4] HESS, Z. f. angew. Phys. 5 (1953) 297.
[5] AGLINZEW, K., Dosimetrie ionisierender Strahlung. Leningrad 1955.
[6] RAJEWSKY, B., Patentschrift 1 090 781 Deutsches Patentamt.

Zentralinstitut für Kernphysik, Rossendorf

(Direktor: Prof. Dr. H. Barwich)

Messungen mit gewebeäquivalenten Ionisationskammern

S. Matschke, Rossendorf

Zu den wichtigsten Aufgaben der Dosimetrie gehört die Bestimmung der im menschlichen Körper absorbierten Energie der ionisierenden Strahlung. Diese Bestimmung erfolgt auch heute noch meist mit Hilfe der r-Einheit. Die Mängel dieser Einheit, die sowohl begrifflich als auch in ihrer meßtechnischen Realisierung zum Ausdruck kommen, waren schon Gegenstand zahlreicher Erörterungen. Auf der vorigen Biophysikertagung haben auch wir unsere Meinung hierzu dargelegt, so daß es sich erübrigt, darauf im einzelnen einzugehen. Aber es sei noch einmal darauf hingewiesen, daß das Röntgen als Strahlungsmenge und damit als Strahlungsfluß definiert ist, der, bezogen auf eine bestimmte Luftmasse, eine bestimmte Anzahl Ionen erzeugt. Da die mittlere Arbeit, die zur Erzeugung eines Ionenpaares nötig ist, nahezu energieunabhängig ist, ist die pro Gramm Luft pro r absorbierte Energie unabhängig von der Strahlungsenergie. Da der Betrag der absorbierten Energie pro Gramm Gewebe pro r annähernd der gleiche ist wie der in Luft, gestattet die Messung in r-Einheiten eine Aussage über die Energieabsorption im Gewebe.

Die in der Definition der r-Einheit enthaltene Meßvorschrift ermöglicht eine exakte Realisierung der r-Einheit nur in sog. Frei-Luft-Kammern. Für die Messung in der Praxis sind derartige Kammern aber ungeeignet. Eine Messung mit Kleinkammern ist nur dann definitionsgemäß möglich, wenn das Kammerwandmaterial die gleiche chemische Zusammensetzung wie die Luft hat. Weil es einen solchen festen, beständigen Stoff nicht gibt, bezeichnet man daher eine Kammer im allgemeinen als luftäquivalent, wenn die effektive Kernzahl des Wandmaterials mit der der Luft übereinstimmt.

Das ist aber immer nur für einen bestimmten Energiebereich möglich. Wie Bragg und Gray zeigen konnten, gilt eine allgemeine Beziehung zwischen der Ionisation eines Gases und der Energieabsorption des umgebenden festen Stoffes:

$$E_f = J \cdot W \frac{\varrho_g \left(\frac{dE}{dX}\right)_f}{\varrho_f \left(\frac{dE}{dX}\right)_g}.$$

Es besteht also keine Notwendigkeit, Luft als Meßsubstanz zu verwenden. Wenn dies trotzdem häufig geschieht, so hat das keine grundsätzliche, sondern mehr eine praktische Bedeutung.

Würde man als Gas und Kammerwand Substanzen verwenden, die die gleiche chemische Zusammensetzung wie das Gewebe haben, so würde das Verhältnis der Massenbremswerte 1 werden und eine Umrechnung nicht erforderlich sein. Außerdem ist eine solche Kammer von der Strahlungsenergie unabhängig, soweit keine Polarisationskorrektur berücksichtigt werden muß. Das ist aber nur bei sehr hohen Energien der Fall.

Der Vorteil des Überganges von der luftäquivalenten zur gewebeäquivalenten Kammer wird am deutlichsten, wenn man Strahlung schneller Neutronen zu dosieren hat. Die Energieübertragung durch schnelle Neutronen erfolgt bekanntlich durch elastische Stöße. D. h., daß für die Energieübertragung die Wasserstoffkonzentration des Stoffes von großer Bedeutung ist, weil auf die Wasserstoffkerne der weitaus größte Anteil der Energie übertragen wird. Eine luftäquivalente Kammer, die keinen Wasserstoff enthält, wäre also für den Nachweis schneller Neutronen sehr unempfindlich. Außerdem ist die Energieabgabe im Bereich von 0,4 bis 5 MeV der schnellen Neutronen auf Kohlenstoff- und Sauerstoffkerne stark von der Energie abhängig, so daß das Verhältnis der Energieabsorption von schnellen Neutronen im Gewebe zu der im Kohlenstoff von der Energie der Neutronen abhängig ist.

Außer der geringen Empfindlichkeit der Kammer hat man noch den Nachteil, zu einer Umrechnung das genaue Spektrum der Neutronen kennen zu müssen. Das stößt aber in der Praxis auf außerordentliche Schwierigkeiten.

Um Kammern mit Wänden und Gasfüllungen der gleichen chemischen Zusammensetzung wie das Gewebe herzustellen, muß man die Zusammensetzung des Gewebes kennen. Darüber sind in der Literatur einige Angaben zu finden, deren Werte jedoch etwas voneinander abweichen und ohne Angabe des Fehlers sind.

Tabelle 1
Angaben über die Zusammensetzung des Muskelgewebes

Autor	H	C	N	O	Summenformel
Rossi und Failla	9,98	14,90	3,49	71,60	$C_5H_{40}O_{18}N$
Lea	10	12	4	73	$CH_{10}O_{4,55}N_{0,286}$
Aglinzew	10,4	7,8	2,6	79,2	$C_{0,5}H_8O_{3,8}N_{0,14}$
Shonka, Rose und Failla	10,24	12,8	3,5	72,8	$C_{1,024}H_{10,2}O_{4,556}N_{0,25}$
Eigene Werte	$10,2 \pm 0,2$	12 ± 3	$3,5 \pm 0,5$	75 ± 4	$CH_{10,2}O_{4,7}N_{0,25}$

Um sich über den Fehler zu orientieren, wurde deshalb für das Muskelgewebe eine Zusammensetzung ausgerechnet. Hierbei wurden nur die Elemente H, C, N und O berücksichtigt. Die angegebenen Fehler sind Abschätzungen, die sich aus den etwas verschiedenen Angaben über die Aufbausteine des Muskelgewebes bei verschiedenen Quellen ergaben (Tabelle 1).

Ähnliche Rechnungen wurden auch für die Zusammensetzung des Blutes, für Knochen und für den Gesamtkörper durchgeführt. Dabei zeigte es sich, daß die Zusammensetzung des Muskelgewebes die des Blutes und, unter Vernachlässigung von Ca und P, auch die des Gesamtkörpers repräsentiert.

Eine Zusammensetzung, die der des Muskels entspricht, ist von ROSSI und FAILLA angegeben worden. Diese Mischung, die gelartig ist, hat durch den relativ großen Wasseranteil außerordentlich schlechte elektrische und mechanische Eigenschaften. Die Handhabung dieser Kammern ist schwierig und ihre Verwendung in der Praxis kaum möglich.

Bei der Suche nach neuen Materialien mit besseren mechanischen und elektrischen Eigenschaften zeigte es sich, daß es außer Wasser keine leichtatomigen Verbindungen gibt, die einen genügend hohen Sauerstoffanteil haben. Will man aus den angeführten Gründen auf Wasser verzichten, muß man einen Teil des Sauerstoffs durch Kohlenstoff ersetzen. Der Fehler, der dabei auftritt, ist zu vernachlässigen.

Durch Mischen von Kunststoffen wurden sechs verschiedene Kombinationen gefunden, die mit Ausnahme des Sauerstoffanteils die gleiche Zusammensetzung haben wie das Gewebe. Sie wurden als quasigewebeäquivalente Materialien bezeichnet (Tabelle 2).

Tabelle 2
Zusammensetzung einiger quasi-gewebeäquivalenter Mischungen

Name	verwendete Stoffe	chem. Formel	H	N	C + O
GPPP-M 1	6,5% Graphit 28,5% Polyamid 25,0% Polyaethylen 40,0% Polyvinylalkohol	C $C_6H_{11}ON$ C_2H_4 C_2H_4O	10,06	3,55	86,39
AGPP-M 2	10,0% Ammoniumnitrat 4,5% Graphit 35,5% Polyaethylen 50,0% Polyvinylalkohol	$H_4O_3N_2$ C C_2H_4 C_2H_4O	10,0	3,5	86,5
AGP-M 3	10,0% Ammoniumnitrat 22,0% Graphit 68,0% Polyaethylen	$H_4O_3N_2$ C C_2H_4	10,2	3,5	86,30
EGHP-M 4	25,0% Epoxydharz 16,7% Graphit 8,3% Harnstoff 50,0% Polyaethylen	$C_{39}H_{52}O_7$ C CH_4N_2O C_2H_4	9,79	3,9	86,31
GHP-M 5	25,1% Graphit 8,3% Harnstoff 66,6% Polyaethylen	C CH_4N_2O C_2H_4	10,01	3,9	86,09
EHP-M 6	61,7% Epoxydharz 8,3% Harnstoff 30,0% Polyaethylen	$C_{39}H_{52}O_7$ CH_4N_2O C_2H_4	9,97	3,87	86,16

Die Mischung 1 ließ sich infolge des hohen Prozentsatzes von Polyamid nicht gut verarbeiten und wurde deshalb zum Bau von Kammern nicht verwendet. Die Mischungen 2 und 3 ließen sich mit Labormitteln gut bearbeiten und sind wegen des hohen Prozentsatzes an Graphit elektrisch leitend. Sie wurden deshalb zum Bau der Kammerwände verwendet. Die Mischung 6 hat ausgezeichnete Isolationseigenschaften und hat sich als Isolator für Ionisationskammern gut bewährt.

Da sich alle Materialien spanabhebend verarbeiten lassen, war es möglich, Kammern vollständig aus gewebeäquivalentem Material herzustellen.

Der Fehler, der dadurch entsteht, daß man einen Teil des Sauerstoffs durch Kohlenstoff ersetzt, ist — wie bereits erwähnt — zu vernachlässigen. Die Rechnung zeigt, daß der Fehler der Energieübertragung durch schnelle Neutronen pro Gramm Gewebe zu einem quasigewebeäquivalenten Material, in dem der gesamte Sauerstoff durch Kohlenstoff ersetzt wurde, kleiner als 5% ist.

Wie jede Ionisationskammer, so ist auch die gewebeäquivalente Kammer für Gamma-Strahlung empfindlich. Da die Neutronenstrahlung aber fast in allen praktischen Fällen zusammen mit Gamma-Strahlung auftritt, mißt man mit einer gewebeäquivalenten Kammer die Summe von Neutronen- und Gamma-Dosis. Da beide Strahlungsarten aber auf Grund ihrer unterschiedlichen LET-Werte bei gleicher physikalischer Dosis unterschiedliche biologische Wirkung haben, ist es erforderlich, beide Dosisanteile getrennt zu bestimmen.

In unserem Falle wurde das dadurch erreicht, daß die Gammadosis mit einer neutronenunempfindlichen Kammer gesondert bestimmt wurde. Verwendet wurde eine Graphitkammer mit CO_2-Füllung.

Um den Gammabetrag von der gewebeäquivalenten Kammer, die ja aus anderen Materialien aufgebaut ist, zu bestimmen, kann man eine grobe Abschätzung vornehmen:

$$n_e \sim F\, \Phi\, _e\sigma_t \cdot NZ \cdot \frac{1}{\mu_e}\,, \qquad n_e \sim F\, \Phi\, _e\sigma_t\, L \sum P_i \frac{Z_i\, \varrho_i}{A_i\, \mu_i}\,.$$

Dabei ist:

- n_e Anzahl der in das Kammerinnere gelangenden Elektronen,
- F Oberfläche der Kammer,
- Φ Strahlungsfluß,
- L LOSCHMIDTsche Zahl,
- ϱ Dichte,
- A Atomgewicht,
- Z Ordnungszahl,
- μ_i Schwächungskoeffizient für Elektronen,
- P_i prozentualer Gewichtsanteil der i-ten Substanz.

Für zwei Kammern mit verschiedenem Wandmaterial verhält sich der jeweilige Anteil der ins Kammerinnere gelangenden Neutronen wie

$$\frac{n_i}{n_k} = \frac{\sum P_i \dfrac{Z_i\, \varrho_i}{A_i\, \mu_i}}{\sum P_k \dfrac{Z_k\, \varrho_k}{A_k\, \mu_k}}\,.$$

Bei Materialien geringer Ordnungszahl ist $\mu_i \sim \varrho_i$ und damit

$$\frac{n_i}{n_k} = \frac{\sum P_i \dfrac{Z_i}{A_i}}{\sum P_k \dfrac{Z_k}{A_k}}.$$

Das Verhältnis Z/A ist für leichtatomige Stoffe 1/2, mit Ausnahme des Wasserstoffs, d. h., daß ein Unterschied der Empfindlichkeit von Kammern mit verschiedenem Wandmaterial im COMPTON-Bereich nur dann zu erwarten ist, wenn sich die Wandmaterialien in der Wasserstoffkonzentration unterscheiden, oder wenn sie Elemente höherer Ordnungszahlen enthalten. Für die verwendeten Kammern ergaben sich folgende Korrekturen:

$$\frac{\text{Standardkammer}}{\text{Graphitkammer}} = 1{,}09, \qquad \frac{\text{EHP-M6-Kammer}}{\text{Graphitkammer}} = 1{,}09,$$

$$\frac{\text{Polyethylenkammer}}{\text{Graphitkammer}} = 1{,}13, \qquad \frac{\text{Epoxydharzkammer}}{\text{Graphitkammer}} = 1{,}08.$$

Die bei den Versuchen verwendeten Kammern unterscheiden sich nicht nur durch das Wandmaterial, sondern auch durch eine unterschiedliche Gasfüllung. Den Energieverlust der Elektronen im Gas kann man mit Hilfe der von BETHE entwickelten Bremsformel charakterisieren:

$$\left(-\frac{dE}{dX}\right) = \frac{2\pi e^4}{m c^2 \beta^2} B, \qquad \left(-\frac{dE}{dX}\right)_{\text{cm}^3} = \frac{2\pi e^4}{m c^2 \beta^2} B N Z.$$

Dabei ist B die Bremszahl, die eine Abhängigkeit von der Energie und der Ordnungszahl zeigt (Tabelle 3):

$$B = \ln \frac{m_0 c^2 \beta^2 T}{2 J^2 (1-\beta^2)} + (1-\beta^2) - \left(2\sqrt{1-\beta^2} - 1 + \beta^2\right) \ln 2$$
$$+ \frac{1}{8}\left(1-\sqrt{1-\beta^2}\right)^2 - \delta.$$

Tabelle 3
Bremszahlen

T	H	C	N	O	Ar
5 MeV	27,1	23,8	23,6	23,4	22,1
1 MeV	23,6	19,4	19,1	19,0	17,6
0,2 MeV	19,0	15,9	15,5	15,3	14,0
0,01 MeV	13,2	10,0	9,8	9,5	8,1

Für ein Gasgemisch gilt dann

$$\left(-\frac{dE}{dX}\right)_{\text{cm}^3} = \frac{2\pi e^4}{m c^2 \beta^2} L \sum P_i \frac{Z_i \varrho_i}{A_i} B_i.$$

Man erhält also das Verhältnis der Bremswerte zweier Gasgemische zu (siehe auch Tabelle 4):

$$\frac{\left(-\dfrac{dE}{dX}\right)_i}{\left(-\dfrac{dE}{dX}\right)_k} = \frac{\sum P_i \dfrac{Z_i \varrho_i}{A_i} B_i}{\sum P_k \dfrac{Z_k \varrho_k}{A_k} B_k}.$$

Tabelle 4
Relative Bremswerte

T	Gewebe	Luft	N	O	H	Ar	CO_2	C_2H_4
5 MeV	1	1,56	1,51	1,71	0,247	1,81	2,40	1,82
1 MeV	1	1,55	1,51	1,70	0,253	1,77	2,39	1,83
0,2 MeV	1	1,54	1,49	1,68	0,260	1,73	2,38	1,84
0,01 MeV	1	1,50	1,46	1,64	0,283	1,58	2,35	1,88

Bei Berücksichtigung der Wandkorrektion erhält man das Verhältnis der Ionisationsströme

$$\frac{I_i}{I_k} = \frac{\sum \left[\left(P_i \dfrac{Z_i}{A_i}\right)_w \left(P_i \dfrac{Z_i \varrho_i}{A_i} B_i\right)_g\right]}{\sum \left[\left(P_k \dfrac{Z_k}{A_k}\right)_w \left(P_k \dfrac{Z_k \varrho_k}{A_k} B_k\right)_g\right]}.$$

Für homogene Kammern ist

$$\sum \left(P_i \dfrac{Z_i}{A_i}\right)_w \equiv \sum \left(P_i \dfrac{Z_i}{A_i}\right)_g$$

und somit

$$\frac{I_i}{I_k} = \frac{\sum \left(P_i \dfrac{Z_i}{A_i}\right)^2 \varrho_i B_i}{\sum \left(P_k \dfrac{Z_k}{A_k}\right)^2 \varrho_k B_k}.$$

Bei den Korrektionen ist außerdem zu beachten, daß ein Teil der Kammerwand durch den Isolator gebildet wird, der im allgemeinen nicht die gleiche Zusammensetzung wie die Kammerwand hat. Der Einfluß ist bei kugelsymmetrischer Verteilung der Sekundärelektronen proportional der von Kammerwand und Isolator gebildeten inneren Kammeroberflächen.

Die Abhängigkeit des Ionisationsstromes bei Kammern mit verschiedenem Wandmaterial und verschiedener Gasfüllung wurde mit Gamma-Strahlung der Isotope

Hg^{197} Hg^{203} Cr^{51} Au^{198} Cs^{134} Ra^{226} Co^{60} Cu^{64} Na^{24}

sowie mit Röntgenstrahlung der Grenzenergien von 60 keV bis 900 keV geprüft. Innerhalb der erwarteten Fehlergrenzen ergaben sich nach Anwendung der Korrektion keine Abweichungen.

Einige dieser Kammern wurden dann benutzt, um die mit 30 cm Wismut gefilterte Strahlung des Reaktors am Bündel 4 zu bestimmen. Die Dosisanteile wurden nach folgender Grundformel bestimmt:

$$\frac{\left(\dfrac{I^*_{n+\gamma}}{V_{n+\gamma}\cdot\varrho_{n+\gamma}}-\dfrac{I^*_{\gamma}}{V_{\gamma}\cdot\varrho_{\gamma}}\right)C_H\cdot W_P\left[\dfrac{\varrho_g\left(\dfrac{dE}{dX}\right)_f}{\varrho_f\left(\dfrac{dE}{dX}\right)_g}\right]_{n+\gamma}}{\dfrac{I^*_{\gamma}}{V_{\gamma}\cdot\varrho_{\gamma}}\cdot W_\gamma\left[\dfrac{\varrho_g\left(\dfrac{dE}{dX}\right)_f}{\varrho_f\left(\dfrac{dE}{dX}\right)_g}\right]_\gamma}=\frac{D_n}{D_\gamma}.$$

Hierbei ist C_H ein Faktor, der die Wasserstoffkonzentration angibt:

$$C_H=\frac{(\varepsilon\cdot n)_{\text{Wand}}}{(\varepsilon\cdot n)_{\text{Gewebe}}}.$$

Das Sternchen bei I bedeutet, daß die Ströme entsprechend der angegebenen Formeln korrigiert sind.

Die Messung der Reaktorstrahlung ergab, daß die Neutronenstrahlung 40% der Gesamtdosis betrug. Das bedeutet, daß bei einer physikalischen Gesamtdosis von 100 rad die biologische Dosis

40 rad RBD$_n$ + 60 rad RBD

400 rem + 60 rem = 460 rem

beträgt.

Es sei noch darauf hingewiesen, daß man jeden Stoff in bezug auf die schnellen Neutronen als gewebeäquivalent bezeichnen kann, wenn er soviel Wasserstoff enthält, daß der weitaus größte Energiebetrag auf die Wasserstoffkerne übertragen wird. In diesem Fall ändert sich nur der Faktor C_H, d. h., daß man durch Multiplikation mit einem konstanten Faktor die Dosis der schnellen Neutronen erhält. Der Wasserstoffanteil ist aber bei fast allen Kunststoffen so groß, daß etwa 90% der von den Neutronen übertragenen Energie auf den Wasserstoff entfallen.

Da die vorliegende Arbeit Teil einer umfangreicheren, noch nicht abgeschlossenen Arbeit ist, können Literaturangaben und Ergänzungen angefordert werden.

Zentralinstitut für Kernphysik, Rossendorf
(Direktor: Prof. Dr. H. Barwich)

Effektivitätsvergleich zwischen Ionisationskammer und Zählrohranordnung für die Messung von A^{41}

R. Heinrich, Rossendorf

Im folgenden wird eine Zusammenfassung des im November 1960 auf der Biophysiker-Tagung gehaltenen Vortrags gegeben, da die Meßergebnisse an anderer Stelle veröffentlicht werden sollen.

Eine Ionisationskammer und eine Zählrohranordnung wurden im Hinblick auf ihre Eignung für die Messung der maximal zulässigen Konzentration von A^{41} in Luft untersucht. Es wurde abgeschätzt, welches Mindestvolumen eine Ionisationskammer besitzen müßte, um $5 \cdot 10^{-10}$ c/l nachweisen zu können. Fordert man, daß diese spezifische Aktivität einen Strom von $5 \cdot 10^{-14}$ A hervorrufen soll, so erhält man ein Volumen von 20 l. Wenn man die MZK von A^{41} in Luft mit einer Zählrohranordnung messen will, ist für den Zählrohrbehälter ein Mindestvolumen von etwa 2,5 l erforderlich.

Die zur Abschätzung dieser Mindestvolumina benutzten Gleichungen wurden experimentell auf ihre Gültigkeit überprüft. Für eine spezifische Aktivität von $5 \cdot 10^{-10}$ c/l stehen den gemessenen Werten

$$i = 1{,}05 \times 10^{-13} \text{ A}$$

und

$$N = 3.000 \text{ I/m}$$

die theoretisch erhaltenen Ergebnisse

$$i = 1{,}16 \cdot 10^{-13} \text{ A}$$

und

$$N = 2.500 \text{ I/M}$$

gegenüber.

Da die Aktivitätsbestimmung mit einem Fehler von etwa $\pm 15\%$ behaftet ist, kann die Übereinstimmung von theoretischen und gemessenen Werten als befriedigend bezeichnet werden.

Zur Kontrolle der A^{41}-Konzentration in Luft ist den Ergebnissen zufolge die Zählrohranordnung der Ionisationskammer überlegen.

Literatur

[1] Gussew, N. G., Leitfaden für Radioaktivität und Strahlenschutz. VEB Verlag Technik, Berlin 1957.
[2] Bethe, H. and Ashkin, J., Experimental Nuclear Physics Vol. 1, New York 1953.
[3] Kahan, T. et Gauzit, M., Contrôle et protections des réacteurs nucléaires, Dunod, P. 24, Paris 1957.
[4] Zumach, W., Atompraxis 6 (1960) 158.

Aus dem Institut für Medizin und Biologie
der Deutschen Akademie der Wissenschaften zu Berlin, Berlin-Buch
Arbeitsbereich Physik
(Bereichsdirektor: Prof. Dr. Dr. Fr. Lange)

Zur Frage der „Charakteristischen Energieverluste"
beim Durchgang langsamer Elektronen durch organische Folien

J. Jäger, Berlin

Seit dem Erscheinen der Arbeiten von Ruthemann [11] und Lang [7] im Jahre 1948, denen eine große Anzahl weiterer Arbeiten verschiedener Autoren folgte ([10], dort weitere Literaturangaben), ist es bekannt, daß langsame Elektronen beim Durchgang durch Metallfolien einer Dicke der Größenordnung 100 Å „Charakteristische Energieverluste" erleiden. Wir können diese als ein Analogon zu den Ergebnissen des Franck-Hertz-Versuches im Festkörper auffassen. Die Energieverluste liegen im wesentlichen im Gebiet zwischen 10 und 25 eV.

Eine umfangreiche Literatur umfaßt auch die theoretische Untersuchung dieser „Charakteristischen Energieverluste" [10]. Nach den grundlegenden Arbeiten von Bohm und Pines [1] ist es — ausgehend vom freien Elektronenmodell der Metalle — in vielen Fällen möglich, die Verluste als Anregungsenergie von Plasmaschwingungen zu erklären. Man bezeichnet dies auch als Erzeugung von Plasmonen. Dabei ist in erster Näherung die zur Plasmonenerzeugung notwendige Energie nur von der Dichte n der *freien Elektronen* abhängig. Unter freien Elektronen versteht man die Valenzelektronen. Die Energie eines Plasmons beträgt dann

$$\hbar \omega_p = \hbar \sqrt{\frac{4\pi e^2 n}{m}}, \tag{1}$$

wobei $\hbar = h/2\pi$; h Plancksches Wirkungsquantum,
                     e Elementarladung,
                     m Elektronenmasse.

Neben dieser *Grundanregung* treten auch die ganzzahligen Vielfachen davon auf. Wenn die Erzeugungsenergie eines Plasmons in der gleichen Größenordnung liegt, wie die Anregung von Einelektronenübergängen, darf die Wechselwirkung zwischen Plasmaschwingung und Einelektronenanregung nicht mehr vernachlässigt werden. Diese führt u. a. zu einer Linienverbreiterung und Linienverschiebung [9], [14]. Weiter darf der Einfluß des Gitters auf die Valenzelektronen nicht vernachlässigt werden. Es zeigt sich, daß die Energieverluste in Metallen, deren Valenzelektronen schwach gebunden sind, mit (1) übereinstimmen (z. B. Be, Mg, Al). Sind die Valenzelektronen fester gebunden, dann müssen die erwähnten Korrekturen berücksichtigt werden.

Neben reinen Metallfolien wurden auch einfache Verbindungen dieser Metalle untersucht. Auch die hierbei auftretenden Energieverluste kann man in erster Näherung durch das freie Elektronenmodell erklären, indem man näherungsweise die Valenzelektronen aller Atome der Verbindung als frei annimmt und aus (1) den zu erwartenden Energiewert ermittelt. Es zeigt sich auch hier eine gute Übereinstimmung mit dem Experiment [9].

Betrachtet man nun organische Folien, so zeigen sich ähnliche Effekte. Die Klärung dieser Effekte ist erforderlich, um Aussagen über mögliche Wirkungen bei Elektronenbestrahlungen machen zu können. Außerdem treten diese Probleme bei elektronenmikroskopischen Abbildungen auf.

Bisher wurde vorwiegend Collodium untersucht. Das mag einerseits an der Tatsache liegen, daß sich daraus leicht dünne Folien herstellen lassen und zum anderen an der häufigen Verwendung von Collodium als Trägerfolie. Während in der Literatur bemerkt wird, daß bei Collodium nur ein einfacher (breiter) Energieverlust zwischen 19 und 23 eV auftritt, zeigte sich bei Versuchen in unserem Institut [13], daß auch hier die Vielfachen einer *Grundanregung* auftreten.

Die Deutung und Zuordnung der Energieverluste in organischen Substanzen bereitet natürlich weit größere Schwierigkeiten als im Metall. Die Anzahl der Möglichkeiten ist durch den komplizierten Aufbau der Moleküle wesentlich erhöht. Im wesentlichen ergeben sich folgende vier Möglichkeiten, die sich natürlich gegenseitig beeinflussen können:

    a) chemische Veränderung der Moleküle,
    b) Elektronenanregung im Molekül,
    c) Elektronenübergänge im „Festkörper",
    d) Plasmaschwingungen.

Unter a) verstehen wir alle Veränderungen der Moleküle, wie Dissoziation, Abtrennung einzelner Gruppen u. ä.

Die unter c) und d) aufgeführten Möglichkeiten setzen voraus, daß beim Zusammenschluß von Makromolekülen zumindest in mancher Hinsicht ähnliche Verhältnisse vorliegen wie in einem Kristall; d. h., daß man von verschiedenen Energiebändern sprechen kann, in denen sich die Elektronen *frei* bewegen können. Die Möglichkeit der Anwendbarkeit des Bändermodells auf organische Substanzen ist von EVANS und GERGELY [3] z. B. bei Protein untersucht worden. Im allgemeinen wurden bisher bei Bestrahlung von Polymeren nur hochenergetische Elektronen angewendet und die Veränderungen der Substanzen untersucht. Die auftretenden Energieverluste wurden dabei nicht analysiert. So weist u. a. BROCKES [2] durch Infrarotspektroskopie eine chemische Veränderung der Nitrozellulose nach Bestrahlung mit 70 keV Elektronen nach (Abb. 1). Besonders charakteristisch ist das Verschwinden der NO_3-Absorptionsbanden mit einer gleichzeitigen Zunahme der O—H-Absorption. Diese Zunahme ist zu verstehen, wenn man annimmt, daß durch den Abbau der NO_3-Gruppen Sauerstoff zur Oxydation zur Verfügung steht. Eine andere Möglichkeit ist, daß von der NO_3-Gruppe nur NO_2 abgespalten wird und der dritte, an seinem Ort verbleibende Sauerstoff ein H-Atom einfängt [2]. Offenbar verlassen wesentliche Anteile dieser Gruppen die Folie; denn nach einer Bestrahlung mit $3 \cdot 10^{-2}$ As/cm² ist ein erheblicher Gewichtsverlust der Folie festzustellen [2]. Wenn sämtliche NO_3-Gruppen

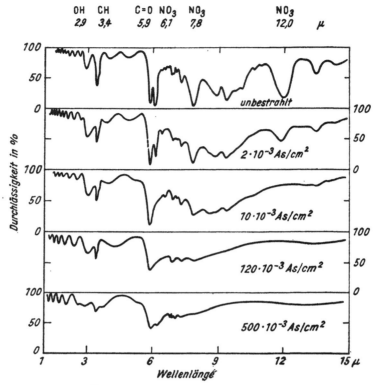

Abb. 1. Änderung der IR-Absorption des Collodiums nach verschiedenen Bestrahlungsdosen (Abb. 6 aus [2]).

die Folie verlassen, so berechnet man den Gewichtsverlust auf 63%. Dieser Wert stimmt gut mit dem gemessenen Wert von 62% überein. Verlassen nur die NO_2-Gruppen die Folie, so liegt der berechnete Gewichtsverlust bei 46%.

Die zur Abtrennung dieser Gruppen notwendige Dissoziationsenergie liegt aber weit unter dem gemessenen Wert von 21,5 eV. Bei 5 eV tritt auch ein schwaches Verlustmaximum auf. Doch könnte evtl. der Energieverlust zwischen 19 und 23 eV durch Dissoziation der nunmehr freien NO_2-Gruppe erklärt werden. Die Dissoziationsenergie für den Prozeß $NO_2 \rightarrow NO^- + O^+$ beträgt beim freien NO_2-Molekül 25,8 eV [4]. Diese etwas willkürlich erscheinende Zuordnung ist auf Grund des Verschwindens der NO_3-Banden im IR-Absorptionsspektrum nicht auszuschließen. Eine experimentelle Überprüfung müßte dann ergeben, daß eine mit 0,5 As/cm² bestrahlte Folie keine Energieverluste im oben genannten Bereich mehr aufweist, da die Dämpfe ja durch die Vakuumpumpe abgesaugt werden.

Das Verschwinden der Substituenten wurde auch mit anderen Methoden, z. B. der Elektronenbeugung, festgestellt. KÖNIG und LIPPERT [6], [8] weisen im Zusammenhang mit Untersuchungen am Elektronenmikroskop wiederholt auf die

Tatsache hin, daß nach längeren Bestrahlungszeiten praktisch nur das Kohlenstoffgerüst des Collodiums zurückbleibt und das Beugungsbild kann als Beugungsbild des feinkristallinen Graphits gedeutet werden. Damit werden wir auf die zentrale Rolle des Kohlenstoffes bei den Energieverlusten geführt. Diese Annahme wird auch unterstützt durch Beobachtungen von Energieverlusten an anderen Substanzen [13]. Z. B. zeigt VYNS, ein Copolymer aus Polyvinylacetat und Polyvinylchlorid, das also keine Ringstruktur aufweist, Energieverluste, die denen des Collodiums gleichen (Abb. 2).

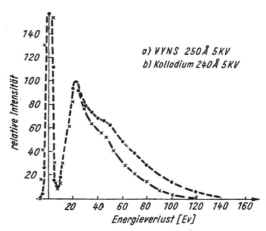

Abb. 2. Vergleich der Energieverluste von Elektronen beim Durchgang durch (a) VYNS und (b) Collodium (Abb. 4 aus [13].)

Allerdings ist — wenn wir im Augenblick noch von den unter c) und d) aufgeführten Möglichkeiten absehen — eine Deutung recht schwierig. Als einziges kann darauf hingewiesen werden, daß die Ionisationsenergie eines $2s$-Elektrons vom Kohlenstoff bei 19,45 eV liegt. Darauf hat auch schon HILLIER [5] hingewiesen.

Bei dem bisher geringen experimentellen Material über die Veränderung dünner organischer Folien verschiedener Strukturen im Zusammenhang mit Energieverlustmessungen ist es schwer, eine einigermaßen gesicherte Zuordnung zu treffen. Es ist also erforderlich, durch IR-Spektroskopie die strukturelle Veränderung des Aufbaus der bestrahlten Substanzen bei gleichzeitiger Messung der Energieverluste weiter zu untersuchen. Diese Versuche sollen an unserem Institut weiter fortgeführt werden.

Die unter c) aufgeführten Prozesse sollen hier nicht weiter betrachtet werden, da sie u. a. weit unterhalb der gemessenen Verlustenergie liegen.

Wie am Anfang vorgetragen wurde, konnte bei Metallen und Verbindungen der Verlust durch Anregung von Plasmaschwingungen erklärt werden. Für Kohlenstoff (Graphit) beträgt der theoretisch zu erwartende Energieverlust für die Erzeugung eines Plasmons, unter der Annahme von 4 freien Elektronen pro C-Atom, 25 eV. Gemessen wurde von verschiedenen Autoren [9] ein Wert um 22 eV. Diese Werte geben eine gute Übereinstimmung mit den gemessenen Werten sowohl bei Collodium als auch bei VYNS.

Obwohl das vorliegende experimentelle Material noch nicht ausreicht, sind wir zu der Annahme berechtigt, daß die gemessenen Energieverluste nicht direkt von der ursprünglichen Substanz — also der Nitrozellulose — herrühren, sondern daß es sich um „Charakteristische Energieverluste" der abgebauten

Substanz handelt und das heißt um Anregung von Plasmaschwingungen im Kohlenstoff.

Für die Anregung zu diesen Untersuchungen bin ich Herrn Dr. PUPKE zu Dank verpflichtet.

Literatur

[1] BOHM, D., PINES, D., Phys. Rev. **92** (1953) 609; **82** (1951) 625.
[2] BROCKES, A., Z. f. Phys. **149** (1957) 353.
[3] EVANS, M. G., GERGELY, J., Biochim. et Bioph. Acta **3** (1949) 188.
[4] FRIEDLÄNDER, E., KALLMANN, H., LASAREFF, W., ROSEN, E., Z. f. Phys. **76** (1932) 60.
[5] HILLIER, J., J. applied Phys. **19** (1948) 226.
[6] KÖNIG, H., Nachr. d. Ak. d. Wiss. Göttingen Math.-Phys.-Kl. **24** (1946); Naturwiss. **35** (1948) 261; Z. d. Phys. **129** (1951) 483.
[7] LANG, W., Optik **3** (1948) 233.
[8] LIPPERT, W., Optik **15** (1958) 293.
[9] NOZIERES, P., PINES, D., Phys. Rev. **109** (1958) 741, 1062.
[10] PINES, D., Rev. of Mod. Phys. **28** (1956) 184, dort weitere Literaturangaben.
[11] RUTHEMANN, Ann. d. Phys. **2** (1948) 113.
[12] SLATER, J. C., Phys. Rev. **98** (1955) 1039.
[13] WINTZER, D., Probleme und Ergebnisse aus Biophysik und Strahlenbiologie II. Akademie-Verlag, Berlin 1960, S. 136—142.
[14] WOLFF, P. A., Phys. Rev. **92** (1953) 18.

Zentralinstitut für Kernphysik, Rossendorf

(Direktor: Prof. Dr. H. Barwich)

Strahlenschutzmessungen am Rossendorfer Zyklotron

W. ROSSBANDER, Rossendorf

Eine ausführliche Darstellung der im Vortrag behandelten Untersuchungen erscheint im Frühjahr 1961 im Rahmen der Institutspublikationen des ZfK Rossendorf unter der Nomenklatur ZfK-Dos 2.

Diese Arbeit ist eine Erweiterung der in ZfK-Dos 1 bereits publizierten Ergebnisse. Im folgenden sei daher nur eine kurze zusammenfassende Übersicht gegeben.

Die Durchführung physikalischer Untersuchungen mit beschleunigten, geladenen Teilchen am Zyklotron des ZfK Rossendorf machte es erforderlich, die beim Betrieb des Beschleunigers auftretenden Streustrahlungsfelder auszumessen, um Aufschlüsse über die Strahlenbelastung der Mitarbeiter zu erhalten. Die Untersuchungen werden für Protonen, Deuteronen und α-Teilchen mit Maximalenergien von 6,8, 13,6 und 27,2 MeV durchgeführt, wobei als Targetmaterial Kupfer diente.

Zur Messung der Gammadosisleistung stand eine sowjetische 5-Liter-Ionisationskammer vom Typ Kaktus zur Verfügung und für die Messung des Flusses schneller Neutronen ein Szintillationszähler mit Polystyrol–ZnS Szintillator.

Zuerst wurde bei Maximalenergie der Teilchen und konstantem Teilchenstrom die Abhängigkeit der Gammadosisleistung und des Neutronenflusses von Abstand und Winkel zwischen Target und Detektor bestimmt. Daran schloß sich die Untersuchung der Abhängigkeit der γ-Dosisleistung und des Neutronenflusses von der Teilchenenergie bei konstantem Teilchenstrom an.

Es zeigte sich, daß infolge der an der Beschleunigungskammer befindlichen massiven Targethalterung, der Aufbauten der Ionenleitung und des Magnetjoches, die als Streukörper und Absorber dienen, die Gammadosisleistung und der Neutronenfluß in Abhängigkeit vom Winkel sehr stark variieren, ihre Beträge aber bei allen interessierenden Winkeln annähernd proportional sind.

Weiterhin zeigte sich, daß die Gammadosisleistung und der Fluß schneller Neutronen pro μA Ionenstrom mit der Energie der beschleunigten Teilchen über einen großen Bereich der Energie exponentiell verknüpft sind.

Anhand dieser Resultate ergibt sich die Möglichkeit, nach Messung einer Komponente der Streustrahlung an einem beliebigen Punkt in der Umgebung des Beschleunigers auf die von Gammastrahlung und schnellen Neutronen hervorgerufene Gesamtdosisleistung durch einfache Rechnung zu schließen. Dieser so erhaltene Wert erlaubt dann infolge der oben erwähnten exponentiellen Abhängigkeit auch einen Schluß auf die Gesamtdosisleistung bei anderen Teilchenenergien.

Literatur

[1] JAEGER, R. G., Dosimetrie und Strahlenschutz, Georg Thieme Verlag, Stuttgart 1959.
[2] HINE, J., GORDON, L., BROWNELL, Radiation Dosimetry, Academic Press Inc. Publishers, New York 1956.
[3] National Bureau of Standard, Handbook 63.
[4] HOPF, S., Das Festfrequenzzyklotron des Zentralinstituts für Kernphysik, Rossendorf. Wissenschaftliche Zeitschrift d. Techn. Hochschule Dresden Nr. 3, 58/59.

Zentralinstitut für Kernphysik, Rossendorf

(Direktor: Prof. Dr. H. Barwich)

Bestimmung der β-Aktivität in der näheren Umgebung des ZfK Rossendorf

E. Tolkendorf, Rossendorf

Erzeuger bzw. Verarbeiter von radioaktivem Material im Zentralinstitut für Kernphysik Dresden/Rossendorf sind Reaktor, Radiochemie und Zyklotron. Durch die Sicherheitseinrichtungen in den Gebäuden ist gewährleistet, daß eine Kontamination der Umgebung nicht stattfinden kann. Zur Überprüfung der Sicherheitseinrichtungen wird eine ständige Untersuchung der Umgebung durchgeführt.

Bei Anwendung der Suttonschen Formel liegt die Zone maximaler Aktivitätsanreicherung innerhalb des Institutsgeländes. Umgebungsmessungen sind deshalb am zweckmäßigsten im Institutsgelände durchzuführen.

Es wurde die Gesamt-β-Aktivität gemessen, wobei KCL (1 g K $\triangleq$ 28 β-Zerfallsakten/sec) als Standardpräparat diente.

Im Jahr 1959 zeigte der radioaktive Ausfall im Frühjahr ein deutlich ausgeprägtes Maximum ($3 \cdot 10^{-8}$ c/cm^2). Am Jahresende waren nur noch 2% der Frühjahrswerte vorhanden.

1960 war ein Aktivitätsmaximum im März vorhanden ($1,8 \cdot 10^{-8}$ c/m^2). Aus Abklingkurven der Märzproben ergab sich eine mittlere HWZ von 24 d. Es handelte sich hierbei im wesentlichen um ein junges Spaltproduktgemisch, das der Testexplosion im Februar 1960 in der Sahara zuzuschreiben ist.

Die β-Aktivitätsmessungen von Grasproben (Abb. 1) weisen, bedingt durch die letzten Testexplosionen im Oktober 1958 im November—Dezember 1958, eine Erhöhung der Aktivität auf, die im Frühjahr 1959 ein Maximum erreichte ($1,5 \cdot 10^{-10}$ c/g Trockengewicht).

1960 ist ein Maximum im März vorhanden, das ebenfalls von der Saharaexplosion hervorgerufen wurde. In den darauffolgenden Monaten findet eine Verringerung der Aktivität statt.

Bodenproben hatten 1959 β-Aktivitäten von durchschnittlich $1,8 \cdot 10^{-11}$ c/g Trockengewicht und 1960 durchschnittlich $2,3 \cdot 10^{-11}$ c/g Trockengewicht.

Abb. 2 zeigt β-Aktivitäten von Wasserproben aus den Oberflächengewässern. Im Jahre 1959 ist eine Beziehung zwischen der Kontamination des Ausfalls und der Verseuchung der Oberflächengewässer vorhanden. Aus Abb. 2 ist das charakteristische Frühjahrsmaximum ersichtlich. 1960 fehlt die Korrelation zwischen der Kontamination des Ausfalls und der des Oberflächengewässers.

Messungen an Algenproben, die den Oberflächengewässern entnommen wurden, zeigten Aktivitäten, die bis zum Faktor 2000 höher als die des umgebenden Wassers waren.

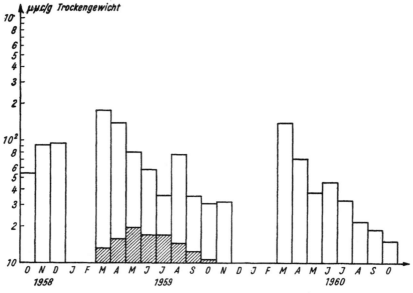

Abb. 1. β-Aktivitätsmessungen von Grasproben.
☐ Gesamt-β-Aktivität
▨ Kaliumaktivität

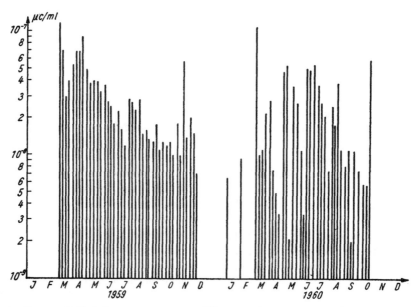

Abb. 2. Gesamt-β-Aktivitätsmessungen von Wasserproben aus einem Oberflächengewässer.

Ähnliche β-Aktivitäten wurden auch von anderen Autoren ermittelt. Das jeweils vorhandene Frühjahrsmaximum und der kontinuierliche Aktivitätsabfall nach dem Jahresende hin konnte allgemein festgestellt werden und ist wahrscheinlich meteorologisch bedingt. Vorhandene Maxima stehen mit erfolgten Testexplosionen in Verbindung. Die in der Umgebung des ZfK festgestellte Radioaktivität ist daher ausschließlich auf Spaltprodukte, die bei Kernwaffenversuchen entstanden sind, zurückzuführen.

Literatur

[1] AARKROG, A. and LIPPERT, J., Environmental radioactivity at Risö, Risö Report Nr. 3, 1958.
[2] JACOBI, W., STEPHAN, H., Messungen der natürlichen und künstlichen Radioaktivität in der Umgebung des ,,BER" im Jahre 1958, HMI-B4 April 1959.
[3] JACOBI, W., STEPHAN, H., Radioaktivität in der Umgebung des ,,BER" im Jahre 1959, HMI-B11 Mai 1960.

Zentralinstitut für Kernphysik, Rossendorf

(Direktor: Prof. Dr. H. BARWICH)

Untersuchungen zur Dekontamination von Oberflächen

U. NIESE, Rossendorf

Einleitung

Bei der Herstellung und Anwendung radioaktiver Isotope treten an den Materialien, die mit Isotopen in Berührung kommen, in unterschiedlichem Umfang Oberflächenverseuchungen auf. Im folgenden sollen einige Hinweise für eine wirksame Oberflächenentseuchung gegeben werden.

Verschiedene Autoren führten bereits zu diesem Zweck rein praktische Untersuchungen durch.

So wurden von MIAZEK-KULA [1] durch Variation der Waschmittel, der angewendeten Isotope, der Entseuchungs- und Verseuchungszeit und der Entseuchungsart Unterschiede im Entseuchungsgrad festgestellt.

KOCH [2] benutzte trägerhaltige P^{32}- und Co^{60}-Lösungen, um Unterschiede im Entseuchungsgrad bei der Untersuchung verschiedener Materialien festzustellen. Es zeigte sich, daß die Isotopenretention auf PVC-Material gering ist. Dieses Material ist, da es sich außerdem fugenlos verschweißen läßt, als Fußbodenbelag für Isotopenlaboratorien zu empfehlen.

BURNS und CLARKE [3] führten Dekontaminationsuntersuchungen mit trägerfreien Spaltprodukten aus. Die von ihnen durchgeführten Dekontaminationsteste entsprechen der im großen Maßstab durchgeführten Reinigung von Oberflächen in den spaltproduktverarbeitenden Laboratorien. Die Dekontaminationsmittel werden dort in der Reihenfolge ihrer Aggressivität (Wasser–Teepol–EDTA–Phosphorsäure–Salzsäure) angewendet.

1. Der Einfluß des Dekontaminationsmittels

Die Ergebnisse unserer entsprechenden Versuche über die Abhängigkeit des Entseuchungsgrades von den Dekontaminationsmitteln sind in Tabelle 1 zusammengefaßt. Der in der Tabelle angegebene Prozentgehalt bezieht sich auf die auf dem Material gebliebene Aktivität. Die Dekontamination wurde durch Spülen in 250 ml Waschlösung (1 min rühren) durchgeführt. Dabei verwendeten wir 1%ige wäßrige Lösungen von Fit, Wok, Imi und Emulgator und eine 5%ige Zitronensäurelösung.

Aus Tabelle 1 ist zu entnehmen, daß Metallionen an Metalloberflächen fest haften, daß sich eine Detergenz-Lösung (Emulgator 30) gut als ein das Material wenig angreifendes Reinigungsmittel eignet, und daß sich solche Elemente wie Cer gut mit Zitronensäure als Komplexbildner von der Materialunterlage ent-

Tabelle 1
Abhängigkeit des Entseuchungsgrades vom Waschmittel

Isotop	Material	Dekontaminationsmittel (Zahlenwerte geben Restaktivität in % an)					
		dest. H_2O %	Emulgator %	Fit %	Imi %	Wok %	Zitronensäure %
Ce^{144}	PVC	72	14	51	49	23	6,3
	Piacryl	71	69	45	46	12	5,1
	V2A	93	81	66	39	11	21,0
	Glas	18	—	11	70	18	3,7
Sr^{90}	PVC	59	35	21	73	37	29,0
	Piacryl	39	61	19	79	35	20,0
	V2A	96	60	79	67	43	24,0
	Glas	37	—	43	58	26	16,0
P^{32}	PVC	32	1	3	—	—	10,0
	Piacryl	1	1	1	—	—	2,5
	V2A	1	14	8	—	—	2,3
	Glas	—	—	—	—	—	1,8
Tl^{204}	PVC	1	1	14	—	—	—
	Piacryl	5	14	21	—	—	—
	V2A	2	44	76	—	—	—
Cs^{137}	PVC	4	1	0	—	—	—
	Piacryl	5	14	0	—	—	—
	V2A	2	44	1	—	—	—
Co^{60}	PVC	1	1	1	—	—	—
	Piacryl	16	3	5	—	—	—
	V2A	8	20	77	—	—	—
Ru^{106}	PVC	5	1	6	—	—	—
	Piacryl	50	2	0	—	—	—
	V2A	64	74	81	—	—	—
Ru^{103}	PVC	73	9	9	—	—	—
	Piacryl	73	11	20	—	—	—
	V2A	90	31	53	—	—	—

Die unterschiedliche Restaktivität ist nicht nur auf chemische Einflüsse zurückzuführen, ondern auch auf den verschiedenen Trägergehalt der angewandten Isotope.

fernen lassen. Am Isotop Cer soll auf Abb. 1 die unterschiedliche Wirkung der angewandten Waschmittel demonstriert werden. Als Materialprobe wurde hierbei Piacryl verwendet. Eine deutlich größere Wirksamkeit der Zitronensäure als Komplexbildner gegenüber allen anderen angewandten Waschmitteln ist zu erkennen. Alkalische Waschmittel können zur Bildung unlöslichen Hydroxyds führen und besitzen somit einen weniger guten Reinigungseffekt. Selbst Wasser wirkt hydrolysierend.

30 U. NIESE

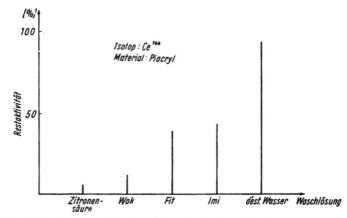

Abb. 1. Einfluß verschiedener Waschmittel auf die Dekontamination.

2. Die Wirksamkeit aufeinander folgender Spülungen

Ausführliche Untersuchungen über die Kinetik der Adsorption und Desorption der radioaktiven Ionen an Oberflächen wurden von DLOUHÝ und MALÝ [4] durchgeführt. Die Autoren faßten alle für das Anhaften radioaktiver Partikel an Oberflächen verantwortlichen Prozesse, dazu gehören nach [3] Adsorption, Ionenaustausch, Diffusion und loses Anhaften, bei der rechnerischen Darstellung des Verseuchungs- und Entseuchungsvorganges unter dem Begriff der Adsorption zusammen. Die Autoren erhielten Kurven, die sie durch folgende Funktion annähern können

$$A = K_0 - e^{-k_1 t} - e^{-k_2 t}.$$

Hierbei ist A die adsorbierte Menge zur Zeit t, k_1 und k_2 sind empirische Konstanten.

Die von uns durchgeführten Untersuchungen über die Abhängigkeit des Entseuchungsgrades von der Zahl der Spülungen entsprechen denen von DLOUHÝ und MALÝ über die Abhängigkeit des auf dem Material gebliebenen Aktivitätsgehaltes von der Dekontaminations- oder Kontaminationszeit t. Unsere Kurven auf Abbildung 2 zeigen ähnlich denjenigen der genannten Autoren im ersten Teil einen steilen und im zweiten Teil einen sehr flachen Verlauf. Dieser Verlauf legt es nahe, die Kurven durch eine Summe von Exponentialfunktionen darzustellen.

3. Der Einfluß des Trägergehaltes auf die Dekontamination

Zur Untersuchung des Einflusses des Trägergehaltes (Änderung der spezifischen Aktivität) auf die Dekontamination verwendeten wir als Isotop Ce^{144}, das als $CeCl_3$ vorlag. Als Träger wurde ein Cer-Salz $Ce(NO_3)_3$, ein Eisensalz $FeCl_3$, ein Lanthansalz $LaCl_3$ und ein Natriumsalz $NaCl$ angewendet; Cer, Lanthan und Eisen als dem Cer gleiche oder ähnliche Elemente und Natrium als in seinen Eigenschaften davon abweichendes Element. Als Materialprobe wurde Piacryl und als Spülflüssigkeit destilliertes Wasser verwendet. Anhand der Abb. 3 kann

Untersuchungen zur Dekontamination von Oberflächen

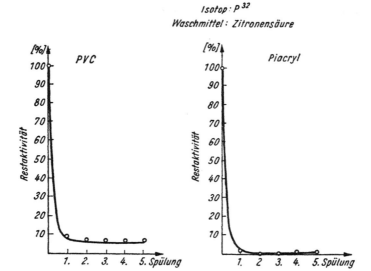

Abb. 2. Abhängigkeit des Entseuchungsgrades von der Zahl der Spülungen.

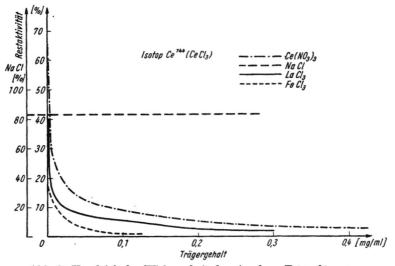

Abb. 3. Vergleich der Wirksamkeit der einzelnen Trägerlösungen.

man die unterschiedliche Wirksamkeit der verwendeten Trägerlösungen vergleichen. Es ergibt sich hieraus, daß die FeCl$_3$-Lösung die größte Wirksamkeit besitzt. Darauf folgt hinsichtlich der Wirksamkeit die LaCl$_3$- und danach die Ce(NO$_3$)$_3$-Lösung. Keine Wirksamkeit hinsichtlich des Entseuchungsgrades zeigt eine NaCl-Lösung. Der Verlauf und die Lage der Kurven, die mit Ce, La, Fe-Salzlösungen als Träger erhalten wurden, ist sehr ähnlich. Einen deutlichen Unterschied zeigt der Verlauf und die Lage der Kurve, die mit NaCl als Träger erhalten wurde. Dieses Salz übt auf die Entseuchung von Ce^{144}-Lösung in dem von uns untersuchten Gebiet keinen Einfluß aus. Die dem Cer chemisch ähnlichen Elemente beeinflussen also die Entseuchung am weitestgehenden. Dieses Ergebnis läßt sich für alle Isotope verallgemeinern, da sich die chemisch ähnlichen Elemente bei einem Reinigungsprozeß stets ähnlich verhalten werden. Die praktische Bedeutung dieser Tatsache liegt darin, daß man beim Hantieren mit trägerfreien Isotopen oder Isotopen mit geringem Trägergehalt doppelt vorsichtig sein muß, da hier eine Reinigung der Oberflächen langwieriger ist als beim Hantieren mit trägerhaltigen Isotopen. Außerdem ist die Inkorporationsgefahr des aktiven Stoffes — wie man im Falle von Jod^{131} feststellen konnte [5] — größer.

Unsere Versuche ergaben im weiteren, daß der Zusatz von FeCl$_3$, Ce(NO$_3$)$_3$ und NaCl (3 g zu 250 ml dest. Wasser) zum Waschmittel einen positiven Einfluß auf den Entseuchungsgrad hat. Der Prozentgehalt der auf dem Material gebliebenen Aktivität sinkt von 75% beim Spülen mit dest. Wasser, auf 6% beim Spülen mit Zusatz von FeCl$_3$, auf 13% beim Spülen mit Zusatz von Ce(NO$_3$)$_3$ und auf 19% beim Spülen mit Zusatz von NaCl. Die Eisenchloridlösung hatte einen p_H-Wert von 2 und die Cernitratlösung einen p_H-Wert von 4.

Diese Ergebnisse stimmen mit denen, die DLOUHÝ und MALÝ [4] erhielten, gut überein. Diese Autoren stellten bei Zugabe von inaktiven FeCl$_3$ zu destilliertem Wasser als Dekontaminationslösung eine bessere Reinigung der mit Zn^{65} kontaminierten Metallblättchen gegenüber reinem destilliertem Wasser als Waschlösung fest.

Wir führten außerdem Versuche durch, die die Abhängigkeit des Entseuchungsgrades von der Salzsäurekonzentration in dem p_H-Bereich der in unseren Versuchen angewandten Lösungen zeigten. Wir konnten feststellen, daß bei Zusatz von Cernitrat zum Waschmittel im wesentlichen der Salzgehalt und nicht der p_H-Wert der Waschlösung für den Entseuchungsgrad maßgebend ist. Bei Anwendung einer Eisenchloridlösung als Waschlösung sind beide Einflüsse auf die Dekontamination wirksam, der p_H-Wert der Lösung und der Salzzusatz. (Eine Reinigung mit Salzsäure von einem p_H-Wert von 2 ergibt eine Restaktivität von 30%, im Gegensatz dazu beträgt die Restaktivität 6% beim Spülen mit FeCl$_3$-Lösung in der angegebenen Konzentration.)

Bei Anwendung von Natriumchloridlösung als Waschlösung wird die Chloridionenkonzentration oder allgemein der Elektrolytgehalt für die Dekontamination ausschlaggebend sein. Bei der Reinigung von radioaktiv verunreinigten Fußböden, Tischen oder Geräten kann deshalb ein Zusatz von Salz zum Waschmittel, wie wir im Falle von Ce^{144} feststellen konnten, von Nutzen sein. Ein weiterer Vorteil des Salzzusatzes zum Waschmittel besteht darin, daß die benutzten Reinigungsgeräte schwächer sekundär verseucht werden.

Zusammenfassend kann folgendes gesagt werden:

1. Die Entseuchung ist um so besser möglich, je höher der Trägergehalt der verwendeten Isotope ist.

2. Ein Salzzusatz zum Waschmittel erhöht merklich den Reinigungseffekt.
3. Bei der Auswahl der Reinigungsmittel läßt man sich von wirtschaftlichen und den oben erläuterten chemischen Gesichtspunkten leiten, indem man ein Waschmittel von hoher Wirksamkeit, aber geringer materialzerstörenden Wirkung wählt.

Literatur

[1] MIAZEK-KULA, M., Nukleonika [S] (1960) 373.
[2] KOCH, H., Kernenergie 3 (1960) 2, 109.
[3] BURNS, R. H., CLARKE, J. H., Glove Boxes and Shielded Cells for Handling Radioaktive Materials, London 1958, 71.
[4] DLOUHÝ, Z., MALÝ, Z., PUAE 28 (1958) 88.
[5] HENNIG, K., Strahlentherapie 112 (1960) 3, 462.

Universitäts-Strahleninstitut am Krankenhaus Westend, Berlin

Biologischer Strahlenschutz durch Körperganz-Vorbestrahlung

E. KROKOWSKI, Berlin

Jeder Organismus ist befähigt, seine Resistenz gegen schädigende Insulte zu erhöhen. Biologische Anpassung, Desensibilisierung oder Gewöhnung sind die Bezeichnungen für diesen Vorgang. Ein schädigender Insult ist auch die Röntgenbestrahlung. Es wird die Frage gestellt, ob es auch gegen diesen Insult eine Resistenzerhöhung gibt.

Zur Klärung dieser Frage haben wir tierexperimentelle Untersuchungen an 160 Ratten vorgenommen. Als Versuchstiere dienten männliche Wistar-Inzuchtratten, die etwa 6 Monate alt waren. Die Tiere wurden unter konstanten Temperatur- und Lichtverhältnissen bei Standardernährung gehalten. Als Kriterium der Strahlenwirkung diente die Absterbeordnung nach Körperganzbestrahlung. Da — wie eigene Versuche gezeigt hatten — die somatische Strahlenwirkung in erheblichem Maße vom Genotypus und von äußeren Faktoren abhängt, mußte zunächst die Absterbeordnung nach einmaliger Körperganzbestrahlung ermittelt werden. Die Tiere wurden in einen zylinderförmigen Spezialkäfig aus Pertinax eingebracht. Zur gleichmäßigen Bestrahlung rotierte der Käfig um seine Längsachse. Die Strahlenabsorption der Käfigwandung wurde bei der Dosisangabe berücksichtigt. Abbildung 1 zeigt die Versuchsanordnung.

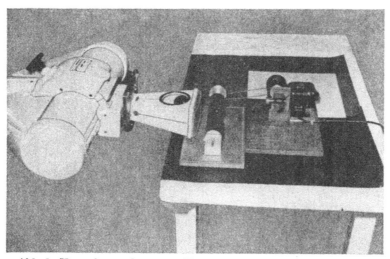

Abb. 1. Versuchsanordnung zur Körperganzbestrahlung von Ratten.

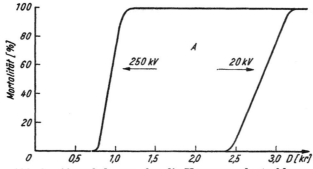

Abb. 2. Absterbekurven für die Körperganzbestrahlung durch ein offenes Einfallsfeld.

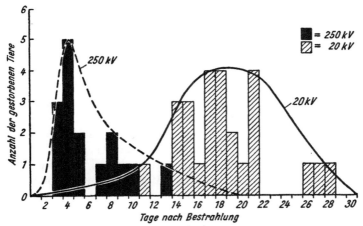

Abb. 3. Zeitliche Absterbeordnung nach 20 kV- bzw. 250 kV-Körperganzbestrahlung durch ein offenes Einfallsfeld.

Die Absterbeordnung nach einmaliger Körperganzbestrahlung durch ein offenes Bestrahlungsfeld ist in Abbildung 2 dargestellt. Hieraus kann man ablesen, daß die $LD_{50/50d}$ bei Anwendung einer 250 kV-Röntgenstrahlung 925 r OD, bei Anwendung einer 20 kV-Röntgenstrahlung dagegen 2800 r OD beträgt. Der Gradient beider Kurven ist verschieden. Unterschiedlich ist auch die zeitliche Absterbeordnung, wie Abbildung 3 erkennen läßt. Hierüber wurde bereits an anderer Stelle berichtet.[1]

Diese Ergebnisse zeigen, daß das Organ „Haut" am Zustandekommen der untersuchten Strahlenwirkung eine untergeordnete Rolle spielt.

Für beide Strahlqualitäten wurde eine Körperganzbestrahlung durch ein *Sieb* vorgenommen. Das verwendete Bleigummisieb besaß ein Öffnungsverhältnis von 40%, die Öffnungen hatten einen Durchmesser von 6 mm. Für die Siebbestrahlung

---

[1] OESER, H., KROKOWSKI, E., TÄNZER, V., Fortschr. Röntgenstr. 92 (1960) 568.

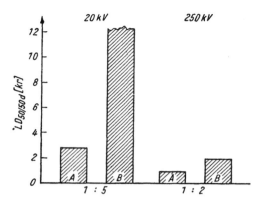

Abb. 4. $LD_{50/50\,d}$ für die Körperganz-bestrahlung mit 20 kV und 250 kV.

A — Offen-Feldbestrahlung;
B — Sieb-Bestrahlung.

mit 250 kV ergibt sich eine $LD_{50/50\,d}$ von 2000 r. Der Nutzeffekt gegenüber der Offen-Feld-Bestrahlung mit ihrer $LD_{50/50\,d}$ von 925 r beträgt demnach etwa 1 : 2 (Abb. 4). Hierbei ist nun folgendes zu beachten: Hinter dem Sieb schwankt die Dosis im vorliegenden Falle zwischen 2000 r unter den Sieböffnungen und 200 r unter den abgedeckten Arealen des Siebes. Es resultiert eine mittlere Dosis von etwa 900 r. Das entspricht der gleichen Wirkungsdosis wie bei Offen-Feld-Bestrahlung. Auf Grund dieser Feststellung könnte man geneigt sein, der *Raumdosis* die entscheidende Rolle der Strahlenwirkung beizumessen. Bei Bestrahlung der Haut mit 20 kV-Röntgenstrahlen durch ein offenes Einfallsfeld beträgt die $LD_{50/50\,d}$ 2800 r. Sie steigt bei Siebanwendung auf weit über 12000 r an. Der Nutzeffekt der Siebmethode liegt hier bei 1 : 5. Damit wird deutlich, daß hier die Raumdosis nicht die entscheidende Größe darstellt. Hier ist sicher ein biologischer Effekt maßgebend. Dagegen ist die Verminderung des Nutzeffektes von 1:5 für die Oberflächenbestrahlung auf 1:2 für die Tiefenbestrahlung auf einen physikalischen Faktor zurückzuführen. Mit zunehmender Gewebstiefe tritt infolge der Streustrahlung eine allmähliche Verwischung des Siebmusters ein. Die räumliche Unterteilung der Strahlung durch das Sieb wird mehr und mehr ausgeglichen, der Homogenitätsquotient nimmt zu (Abb. 5). Dadurch nähert sich in größeren Gewebstiefen die Dosisverteilung der einer Offen-Feld-Bestrahlung. Der Sieb-

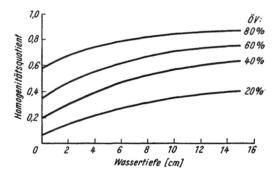

Abb. 5. Homogenitäts-Quotient (= Verhältnis der Dosis hinter einem abgedeckten Areal des Siebes zur Dosis hinter einem offenen Areal) in Abhängigkeit von Wassertiefe und Sieb-Öffnungsverhältnis.

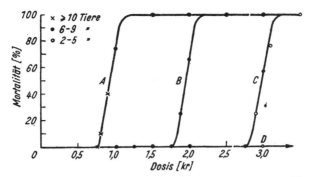

Abb. 6. Absterbeordnung nach 250 kV-Körperganzbestrahlung

A — Offen-Feldbestrahlung;
B — Sieb-Bestrahlung;
C — 750 r-Sieb-Vorbestrahlung — Offen-Feld-Zweitbestrahlung;
D — 750 r-Sieb-Vorbestrahlung — Sieb-Zweitbestrahlung.

effekt muß also geringer werden, was in der Verminderung des Nutzeffektes von 1:5 auf 1:2 zum Ausdruck kommt.

Folgt auf eine solche Siebbestrahlung in bestimmtem zeitlichen Abstand eine *zweite* Röntgenbestrahlung, so ist ein *Schutzeffekt* zu beobachten. Das Ausmaß dieses Schutzeffektes hängt von der Art der Vorbestrahlung, der Dosis und dem Zeitintervall zwischen Erst- und Zweitbestrahlung ab. Es ist sicher, daß es sich dabei nicht um einen einfachen Fraktionierungseffekt handeln kann. Hier liegt eine Änderung der Strahlenbeeinflußbarkeit vor.

Die 6 Monate alten Tiere wurden einer 750 r-Siebbestrahlung ausgesetzt. 3 Monate später erfolgte eine erneute Röntgenbestrahlung. Abbildung 6 zeigt das Ergebnis dieses Versuches. Man erkennt deutlich eine Verlagerung der Absterbekurven zu hohen Dosen hin. Noch augenfälliger wird das Ergebnis, wenn man die aus dieser Darstellung ablesbaren $LD_{50/50\,d}$-Werte aufzeigt (Abb. 7). Es verhält sich

$$A:B:C:D = 1:2:3:4.$$

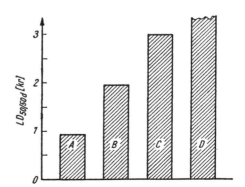

Abb. 7. Die für A, B, C und D ablesbaren $LD_{50/50\,d}$-Werte.

Welche Erklärung gibt es für eine derartige Änderung der Strahlenresistenz?
Es seien vier Möglichkeiten diskutiert:
1. Die durch die Bestrahlung entstehenden radiotoxischen Produkte werden nach der zweiten Bestrahlung schneller ausgeschwemmt. Die Vorbestrahlung hat eine Exkretionsbahnung bewirkt: *Eliminationseffekt*.
2. Die radiotoxischen Produkte werden nach der zweiten Bestrahlung schneller und vollständiger abgefangen und entgiftet. Vorgänge im Sinne einer Desensibilisierung bzw. Immunisierung sind wirksam: *Impfeffekt*.
3. Bei der ersten Bestrahlung werden die strahlensensiblen Gewebsanteile teilweise vernichtet. Es verbleiben die strahlenresistenteren Gewebselemente zurück, die durch die weitere Bestrahlung weniger geschädigt werden. Es entstehen somit bei der zweiten Bestrahlung weniger radiotoxische Produkte, die der Körper leichter entgiften und eliminieren kann: *Selektionseffekt*.
4. Bei der Doppelbestrahlung treten spezifische, noch unbekannte Wirkungen auf: *Protektionseffekt*.

Die Analyse der Absterbekurven ergibt, daß alle drei Absterbekurven A, B und C den gleichen Gradienten besitzen. Es ist somit ein gleicher Wirkungsmechanismus anzunehmen. Nur das Wirkungsdosisniveau wird angehoben. Bei den drei aufgezeichneten Dosis–Effekt-Kurven liegt demnach nur eine quantitative, keine qualitative Änderung des biologischen Wirkungsmechanismus der Strahlen vor. Daher scheiden Eliminations- und Selektionseffekt als Ursache der Änderung der Strahlenbeeinflußbarkeit nach Vorbestrahlung aus. Eine weitere Differenzierung, speziell die Klärung, ob ein Impf- oder ein echter Protektionseffekt zugrunde liegt, ist nur durch weitere Experimente möglich.

Wenngleich die relativ kleine Zahl des Versuchsmaterials noch zu keiner endgültigen Aussage berechtigt, so scheint es nach den vorliegenden Ergebnissen, daß zu dem bekannten physikalischen und radiochemischen Strahlenschutz ein biologischer Strahlenschutz hinzukommt.

Pharmakologisches Institut der Universität Greifswald

Über die Wirkungsweise der Strahlenschutzstoffe

K. FLEMMING, Greifswald

Einleitung

Der Arzt befaßt sich nicht nur mit den gesundheitsfördernden und heilenden Wirkungen der verschiedenen Strahlenarten, sondern auch mit den somatischen und genetischen Schäden, welche dem lebenden Organismus durch die Bestrahlung zugefügt werden können. Eine wichtige Aufgabe der Medizin liegt auf dem Gebiete des vorbeugenden Strahlenschutzes, der Strahlenhygiene [31]. In diesem Rahmen verdient der Schutz gegen die energiereichen ionisierenden Strahlen heute aus den verschiedensten Gründen, welche weitgehend bekannt sind und auf die an dieser Stelle nicht näher eingegangen werden kann, Beachtung. Wenn hier unter dem besonderen Gesichtspunkt der Wirkungsweise der Strahlenschutzstoffe zu den aktuellen Fragen des Strahlenschutzes Stellung genommen werden soll, dann verstehen wir unter dem Begriff „Strahlenschutz" nur prophylaktische Maßnahmen, also Maßnahmen, welche vor oder während der Strahleneinwirkung angewandt werden können, um das Eintreten von Strahlenschäden zu verhindern [23]. Alle Maßnahmen aber, welche gegen einen bereits eingetretenen Strahlenschaden gerichtet sind und somit einen therapeutischen Charakter tragen, bleiben in diesem Zusammenhang unberücksichtigt.

Grundsätzliches zum physikalischen und chemischen Strahlenschutz

Es gibt zwei verschiedene Methoden des Strahlenschutzes. Die herkömmliche Methode besteht in der Zwischenschaltung bestimmter Stoffe zwischen die Strahlenquelle und das gefährdete Objekt; es handelt sich hierbei um den *physikalischen Strahlenschutz*. Vor etwa 10 Jahren wurde nun entdeckt, daß manche Stoffe die biologischen Strahlenwirkungen auch dann hemmen, wenn sie während der Strahleneinwirkung in dem bestrahlten Objekt in gelöstem Zustand enthalten sind; diese Methode wird als *chemischer Strahlenschutz* bezeichnet [27, 3].

Da die Schutzmittel bei *beiden* Methoden chemischer Natur sind, könnte man meinen, daß zwischen diesen Methoden kein sachlicher Unterschied bestünde, sondern daß sie sich nur in bezug auf die Anwendungsweise der wirksamen Mittel voneinander unterscheiden. Bei der einen Methode würden die chemischen Schutzmittel außerhalb des Organismus angewandt, bei der anderen Methode innerhalb desselben.

Wenn diese Vorstellung richtig wäre, dann müßten die Schutzmittel der beiden Methoden grundsätzlich miteinander vertauscht werden können; die im physikalischen Strahlenschutz wirksamen Mittel müßten auch im chemischen Strahlenschutz wirksam sein und umgekehrt.

Diese Frage kann in Tierversuchen nicht entschieden werden, weil die Mittel des physikalischen Strahlenschutzes aus verschiedenen Gründen (Löslichkeit, Permeabilität, Toxizität) nicht in gleicher Weise wie die Mittel des chemischen Strahlenschutzes dem Organismus einverleibt werden können. Sie lassen sich in manchen Fällen zwar vorübergehend in Körperhöhlen und in bestimmten Abschnitten des Gefäßsystems anreichern und dadurch den praktischen Erfordernissen der klinischen Röntgendiagnostik dienstbar machen. Natürlich würden sie auch einen Strahlenschutz ausüben, wenn sie sich während der Bestrahlung vor dem gefährdeten Objekt befinden würden; in den lebenden Organismus können sie zu diesem Zweck aber nicht hineingebracht werden.

Der soeben aufgeworfenen Frage nach der grundsätzlichen Vertauschbarkeit der Mittel des physikalischen und des chemischen Strahlenschutzes kann jedoch in Modellversuchen an geeigneten unbelebten Testobjekten nachgegangen werden. Ich habe kürzlich gefunden, daß ein einfacher niedermolekularer Stoff, das Histamin, durch Röntgenstrahlen zerstört wird. Nun prüfte ich den Einfluß je eines Mittels der physikalischen und der chemischen Schutzmethode auf diese radiationschemische[1]) Histaminzerstörung. Als physikalisches Schutzmittel diente mir dabei das „Triopac"[2]), eine in der klinischen Röntgendiagnostik benutzte wasserlösliche organische Jodverbindung. Als chemisches Schutzmittel wählte ich das Cystein, das ich ebenfalls in wäßriger Lösung benutzte. Jede dieser Lösungen wandte ich in zweifacher Weise an: In der einen Versuchsanordnung stellte ich sie während der Röntgenbestrahlung vor die Histaminlösungen, in der anderen dagegen vermischte ich sie mit ihnen. Zum Vergleich bestrahlte ich immer einen Ansatz mit, der keines der beiden Schutzmittel, sondern Wasser enthielt. Das Ergebnis dieser Versuche enthält die Abb. 1a. Sie zeigt in ihrem oberen Teil die Verhältnisse, die sich ergaben, wenn die Schutzstoffe mit der Histaminlösung vermischt wurden. In den ungeschützten Vergleichslösungen hat der Histamingehalt stark abgenommen, es ist also viel Histamin zerstört worden. In den Lösungen dagegen, welche Triopac und Cystein enthalten, wurde die Histaminzerstörung stark gehemmt. Dabei wirkte das Mittel der chemischen Methode, das Cystein, noch etwas stärker als das Mittel der physikalischen Methode, das Triopac. — Der untere Teil der Abbildung 1a enthält das Versuchsergebnis, welches bei der Vorschaltung der beiden Stoffe erhalten wurde. Auch in diesem Falle zeigte sich eine starke Hemmung der Strahlenwirkung durch Triopac. Das Cystein dagegen, das bei der Vermischung mit den Histaminlösungen die strahlenchemische Zerstörung dieses Stoffes noch stärker hemmte als Triopac, war bei dieser Versuchsanordnung völlig wirkungslos.

Diese Versuche zeigen also, daß die Mittel des physikalischen Strahlenschutzes grundsätzlich auch bei der chemischen Anwendungsweise wirksam sind. Sie wirken bei der Anwesenheit *in* dem Objekt ebenso wie bei der Vorschaltung *vor*

---

[1]) Zur Nomenklatur s. SCHENCK [30].
[2]) Dies von der CILAG-AG, Schaffhausen, hergestellte Präparat wurde mir feundlicherweise von Herrn Oberarzt Dr. J. OTT, Chirurgische Universitätsklinik der Universität Greifswald, zur Verfügung gestellt.

das Objekt. Die Schutzstoffe der chemischen Methode, in unserem Versuchsbeispiel das Cystein, wirken *nur* bei Anwesenheit *im* Objekt; bei Vorschaltung dagegen sind sie völlig wirkungslos. Nur derartige Stoffe werden im folgenden als *Strahlenschutzstoffe* bezeichnet. — Aus dem durch diese Versuche veranschaulichten Unterschied in der Wirkungsweise der bei der physikalischen und der chemischen Methode angewandten Mittel geht klar hervor, daß es sich hier nicht um einen einfachen Unterschied in der Anwendungsweise handelt, sondern daß der Wirkungsmechanismus bei beiden Methoden voneinander verschieden ist.

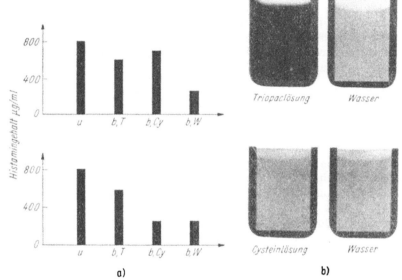

Abb. 1. a) Vergleich der Schutzwirkung von Triopac und Cystein gegen Histaminzerstörung durch Röntgenstrahlen.

Oben: Mischung der Schutzstofflösungen mit der Histaminlösung.
Unten: Vorschaltung der Schutzstofflösungen vor die Histaminlösung.

Histaminlösungen: 800 μg/ml.   *u* unbestrahlt   *b* bestrahlt; Röntgendosis: etwa 650 kr (20 Milliamp.: 200 V)
T Triopac   *Cy* Cystein   *W* Wasser zum Vergleich

b) Vergleich der Röntgenstrahlenabsorption durch Triopac und Cystein.

Oben: Triopaclösung schützt die photographische Platte vor der Belichtung durch Röntgenstrahlen viel stärker als Wasser.
Unten: Cysteinlösung schützt die photographische Platte vor der Belichtung durch Röntgenstrahlen nicht stärker als Wasser.

Der Wirkungsmechanismus der physikalischen Schutzstoffe wird verständlich, wenn man von der Theorie der direkten Strahlenwirkung ausgeht. Danach sollen die Strahlenquanten wie Flintenkugeln [2] ihre kinetische Energie am Orte des Einschlags abgeben, also unmittelbar dort, wo sie auf die biologische Substanz auftreffen. Für den Mechanismus der Schutzwirkung ergibt sich daraus, daß man die Schädigung durch die Strahlenquanten in grundsätzlich gleicher Weise verhindern kann wie die Schädigung durch die Flintenkugeln, nämlich durch einen möglichst dichten Stoff, der den Kugeln bzw. Quanten einen großen Widerstand bietet und infolgedessen ihre Bewegungsenergie bereits absorbiert, bevor sie das gefährdete Objekt erreichen. Das wesentliche Erfordernis eines auf diese Weise wirkenden Schutzstoffes ist also eine physikalische Eigenschaft: seine hohe Dichte, und die damit ursächlich verbundene starke Absorptionsfähigkeit für die Strahlen-Energie. Dieser Wirkungsmechanismus geht für die von mir benutzte Triopaclösung aus den oberen Bildern der Abb. 1b deutlich hervor. Sie sehen eine Röntgenphotographie zweier Glasküvetten, die Triopaclösung bzw. Wasser enthalten. Die Röntgenstrahlen werden durch die Triopaclösung absorbiert und die dahinter stehende photographische Platte bleibt unbelichtet; das entsprechende Bild erscheint infolgedessen schwarz. Das Wasser dagegen läßt die Strahlung weitgehend durchtreten und läßt somit eine Belichtung der Platte zu; es entsteht nun ein deutlich aufgehelltes Bild.

Der obere Teil der Abbildung 1b führt die Absorptionsfähigkeit des physikalisch wirkenden Mittels klar vor Augen; der untere Teil der Abb. 1b zeigt dagegen am Beispiel des Cysteins, daß die *Strahlenschutzstoffe* der chemischen Methode keine solche spezifische Absorptionsfähigkeit für Röntgenstrahlen besitzen, sondern daß sie nicht stärker absorbieren als Wasser.[1] Von der Theorie der direkten Strahlenwirkung aus gesehen erscheint eine Strahlenschutzwirkung solcher Stoffe als völlig unmöglich. Als BACQ sich mit der Schutzwirkung derartiger Verbindungen gegen Röntgenstrahlen zu beschäftigen begann, wurde ihm denn auch die Unsinnigkeit eines solchen Vorhabens mit folgenden Worten entgegengehalten: ,,Ionisierende Strahlen sind physikalische Agentien. Kann man sich gegen physikalische Wirkungen mit chemischen Stoffen schützen? Kann man eine Kugel mit Chinin oder Penicillin aufhalten?" Trotz dieser sehr einleuchtenden Argumentation ist die Schutzwirkung nur unspezifisch absorbierender Stoffe aber, wie am Beispiel der Hemmung der strahlenchemischen Histaminzerstörung durch Cystein gezeigt wurde, im Experiment leicht nachweisbar. Dieser Widerspruch läßt sich nun einfach auflösen, wenn man die Theorie der indirekten Strahlenwirkung zur Erklärung heranzieht. Diese Theorie leugnet nicht etwa die Möglichkeit direkter biologischer Strahlenwirkungen; da aber das Wasser als biologisches Lösungsmittel etwa 60—90% der lebenden Substanz ausmacht, weist sie den durch die Bestrahlung herbeigeführten chemischen Veränderungen des Wassers die Hauptrolle bei dem Zustandekommen der biologischen Strahlenwirkungen zu. In dem bestrahlten Wasser entstehen nämlich chemisch hochreaktive Spaltprodukte, insbesondere oxydierende Radikale ($OH^{\cdot}$ und $HO_2^{\cdot}$) und Peroxyde, und die biologischen Strahlenwirkungen sollen im wesentlichen indirekt, durch diese Spaltprodukte des Wassers, zustande kommen. Unter diesem Gesichtspunkt kann man sich die Schutzwirkung der unspezifisch absorbierenden Strahlenschutzstoffe aber verhältnismäßig leicht vorstellen. Man darf annehmen, daß sie die indirekten chemischen Strahlenwirkungen verhindern.

---

[1] Also nur unspezifisch.

Zwischen dem Mechanismus der Strahlenwirkung auf der einen Seite und der Methode des Strahlenschutzes und der Wirkungsweise der Strahlenschutzstoffe auf der anderen Seite besteht also ein enger Zusammenhang. Der direkten und der indirekten Theorie der biologischen Strahlenwirkung entsprechen die beiden Möglichkeiten eines physikalischen und eines chemischen Strahlenschutzes.

Beziehungen zwischen der Schutzwirkung organischer Verbindungen gegen Röntgenhämolyse und ihrer chemischen Konstitution

Nachdem durch diese vergleichenden Betrachtungen die allgemeinen Zusammenhänge zwischen dem Mechanismus der Strahlenwirkung und den Möglichkeiten des Strahlenschutzes dargelegt worden sind, erübrigen sich an dieser Stelle weitere Erörterungen über den physikalischen Strahlenschutz, denn der Wirkungsmechanismus ist in diesem Falle einfach und klar. Ganz anders dagegen liegen die Verhältnisse beim chemischen Strahlenschutz. Der Wirkungsmechanismus der Strahlenschutzstoffe im einzelnen und bei den verschiedensten Testobjekten bildet heute noch einen Schwerpunkt innerhalb der biologischen Strahlenforschung. Ein Einblick in die Literatur zeigt, daß die Vorstellungen, welche über die Wirkungsweise solcher Stoffe am Ganztier bestehen, sich in verschiedener Hinsicht widersprechen und einer weiteren experimentellen Bearbeitung bedürfen [22, 21]. Die Analyse der Ergebnisse solcher Versuche am lebenden Tier wird aber dadurch erheblich kompliziert, daß mit steigender Organisation der Testobjekte auch die Zahl der sekundären Reaktionen zunimmt, die durch übergeordnete Regulationssysteme, wie Nervensystem und Hormone, in Gang gesetzt werden und den primären Störungen entgegenwirken. Wenn auch eingehende Untersuchungen über den Wirkungsmechanismus der Schutzstoffe am Ganztier im Hinblick auf eine spätere Anwendung solcher Verbindungen auch am Menschen unerläßlich sind, so erscheint es jedoch als zweckmäßig, zugleich in einfachen und übersichtlichen Modellversuchen ein tieferes Verständnis für die Grundlagen zu erarbeiten. Ich habe mich deshalb mit der Wirkungsweise der Strahlenschutzstoffe in *vitro* befaßt und benutzte als Testobjekt die roten Blutzellen, weil sie einerseits gegenüber dem Gesamtorganismus eines Säugetieres ein stark vereinfachtes Objekt darstellen, andererseits aber als überlebende Zellen dem Gesamtorganismus doch in einem ungleich höheren Maß angenähert sind als leblose Modelle. Zudem läßt sich das Ausmaß der Strahlenschädigung bei den Erythrozyten verhältnismäßig leicht bestimmen. Es kommt nämlich nach der Einwirkung der Röntgenstrahlen zu einer Störung der Membranfunktion, die zur Hämolyse führt [17]. Diese Röntgenhämolyse ist dosisabhängig und kann in einfacher Weise beurteilt und gemessen werden. Ich habe an diesem Vorgang eine größere Anzahl organischer Verbindungen auf ihre Strahlenschutzwirkung geprüft.

Dabei ging ich folgendermaßen vor: Suspensionen von Menschenerythrozyten (Suspensionslösung = Mischung von isotonischer NaCl-Lösung mit isotonischer Phosphatpufferlösung p_H 7,4 im Verhältnis 6:1) wurden mit hohen Röntgendosen (etwa $1,2 \times 10^5$ r) bestrahlt. Nach 46—98 Std. wurden die Zellen abzentrifugiert,

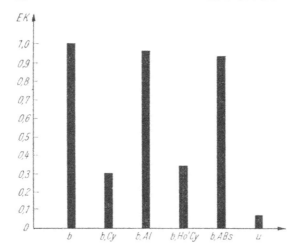

Abb. 2. Röntgenhämolyse.

Die SH-haltigen Aminosäuren Cystein (Cy) und Homocystein ($Ho'\,Cy$) schützen, die entsprechenden nicht SH-haltigen Aminosäuren Alanin (Al) und Aminobuttersäure (ABs) schützen nicht oder doch nur sehr schwach.

EK Extinktionskoeffizient;
u unbestrahlt;
b bestrahlt (etwa 66 kr), Schutzstoffkonzentration: 3×10^{-3} mol.

Weiteres s. Text.

der Farbstoff in den überstehenden Lösungen durch Zusatz von Salzsäure in salzsaures Hämatin umgewandelt und der Extinktionskoeffizient der Lösungen mit dem Stufenphotometer bestimmt.

Soweit die in diesen Versuchen erhaltenen Ergebnisse für die später zu erörternden Vorstellungen über den Wirkungsmechanismus der Schutzstoffe wichtig sind, will ich sie hier kurz darlegen.

Im Hinblick auf die bekannte Strahlenschutzwirkung des Cysteins prüfte ich zunächst die Wirkung dieses Stoffes und einiger ihm nahe stehender Aminosäuren auch an der Röntgenhämolyse. Dieser Vorgang wurde in gleicher Weise wie die schon erwähnte Histaminzerstörung durch Cystein in 3×10^{-3} mol. Endkonzentration stark gehemmt; ebenso wie Cystein wirkte auch das Homocystein. Die dem Cystein und dem Homocystein entsprechenden nicht SH-haltigen Verbindungen, das Alanin und die Aminobuttersäure (s. nachstehende Formeln) hatten im Vergleich dazu nur eine sehr schwache, kaum nennenswerte Wirkung (Abb. 2). Die SH-Gruppe stellt also offenbar einen wichtigen Faktor bei der Schutzwirkung gegen Röntgenhämolyse dar.

$$\begin{array}{cc}
\text{CH}_2\text{—SH} & \text{CH}_3 \\
| & | \\
\text{H—C—NH}_2 & \text{H—C—NH}_2 \\
| & | \\
\text{COOH} & \text{COOH} \\
\text{Cystein} & \text{Alanin}
\end{array}$$

$$\begin{array}{cc}
\text{CH}_2\text{—SH} & \text{CH}_3 \\
| & | \\
\text{H—C—H} & \text{H—C—H} \\
| & | \\
\text{H—C—NH}_2 & \text{H—C—NH}_2 \\
| & | \\
\text{COOH} & \text{COOH} \\
\text{Homocystein} & \text{Aminobuttersäure}
\end{array}$$

Verschiedene Autoren haben auf Grund von Versuchen am Ganztier auf die Bedeutung der Aminogruppe für die Strahlenschutzwirkung hingewiesen [1, 3, 4, 14, 22]. Im Hinblick auf diese Befunde glaubte ich, der, wenn auch nur geringfügigen, so doch regelmäßig nachweisbaren Hemmung der Röntgenhämolyse durch die nicht SH-haltigen Aminosäuren Alanin und Aminobuttersäure weiter nachgehen zu sollen. Darin bestärkten mich auch Versuche, welche zeigten, daß Stoffe, welche ebenso wie das Cystein neben der SH-Gruppe noch eine NH_2-Gruppe enthielten, stärker schutzwirksam waren als Verbindungen, welche außer der SH-Gruppe keine zusätzliche Aminogruppe mehr enthielten, z. B. das Thioglycolat und das Thioglycerin. Ich prüfte deshalb zunächst weitere nicht SH-haltige Aminosäuren, Glycocoll, Serin, Valin, Asparaginsäure, Glutaminsäure, Leucin, Arginin, Phenylalanin, Histidin, Tyrosin und Tryptophan, und zwar wiederum in 3×10^{-3} mol. Endkonzentration. Alle diese Verbindungen hemmten die Röntgenhämolyse. Es zeigte sich jedoch ein bemerkenswerter Unterschied in bezug auf die Stärke der Schutzstoffwirkung: die aliphatischen Aminosäuren schützten wie das schon erwähnte Alanin (vgl. Abb. 2) nur schwach, die aromatischen Aminosäuren dagegen wirkten sehr stark (vgl. hierzu Abb. 4), und zwar in der Regel noch erheblich stärker als das Cystein. — Der wesentliche strukturelle Unterschied zwischen den untersuchten Verbindungen geht aus einem Vergleich der nachstehenden Formeln des aliphatischen Alanins und des aromatischen Phenylalanins hervor:

Diese Versuchsergebnisse wiesen auf Beziehungen zwischen der chemischen Konstitution der Aminosäuren und ihrer Strahlenschutzwirkung hin, die von der SH-Gruppe unabhängig sind. Um diese Beziehungen im einzelnen weiter zu klären, stellte ich die aromatischen Aminosäuren zunächst zurück und befaßte mich nur mit den aliphatischen Aminosäuren. Die Ergebnisse dieser Versuche, dargestellt am Beispiel einiger der untersuchten Stoffe, enthält die Abb. 3. Daraus geht einerseits hervor, daß die Schutzwirkung des nicht SH-haltigen Alanins durch Erhöhung der Konzentration um das Zehnfache (von 3×10^{-3} auf 3×10^{-2} mol) sehr verstärkt werden kann; andererseits zeigt diese Abbildung, daß die aus den aliphatischen Aminosäuren durch Decarboxylierung bzw. Desaminierung ableitbaren Amine und Carbonsäuren (vgl. nachstehende Formeln) ebenfalls eine Hemmung der Röntgenhämolyse bewirkten (Abb. 3).

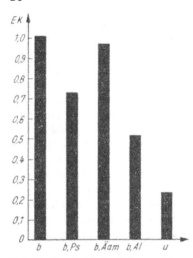

Abb. 3. Vergleich der Schutzwirkung von Propionsäure (Ps), Äthylamin (Äam) und Alanin (Al).
Schutzstoffkonzentration 3×10^{-2} mol, sonst wie Abb. 2.

Danach scheint also sowohl die Aminogruppe als auch die Carboxylgruppe für die Schutzwirkung der nicht SH-haltigen aliphatischen Aminosäuren von Bedeutung zu sein. Es entsteht geradezu der Eindruck einer additiven Wirkung dieser beiden Gruppen. — Ergänzende Versuche, in denen das Alanin mit dem Serin verglichen wurde, zeigten regelmäßig eine etwas stärkere Wirkung des Serins. Da sich die beiden genannten Stoffe nur durch die am Serinbefindliche OH-Gruppe unterscheiden, muß dieser Gruppe ebenfalls ein Einfluß auf die Schutzwirkung zugeschrieben werden. — Auf der Anwesenheit der OH-Gruppe beruht vielleicht auch die von mir beobachtete Hemmung der Röntgenhämolyse durch Natriumglykolat und Glycerin.

Nachdem durch diese Versuche die Verhältnisse bei den nicht SH-haltigen aliphatischen Aminosäuren geklärt waren, wandte ich mich noch einmal der bereits erwähnten starken Schutzwirkung der nicht SH-haltigen aromatischen Aminosäuren zu. Es lag nahe, sie mit dem wesentlichen Unterscheidungsmerkmal zwischen aliphatischen und aromatischen Verbindungen, der benzoid-ringförmigen Struktur, in Zusammenhang zu bringen. Dies bestätigte ein Vergleich anderer aliphatischer und aromatischer Verbindungen. Aromatische Carbonsäuren und aromatische Amine schützten ebenfalls größenordnungsmäßig stärker als die entsprechenden aliphatischen Verbindungen (Abb. 4).

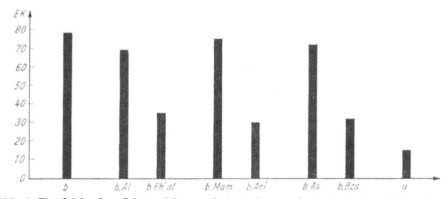

Abb. 4. Vergleich der Schutzwirkung aliphatischer und aromatischer Verbindungen (Aminosäuren, Amine, Carbonsäuren).
Al Alanin; *Ph'al* Phenylalanin; *M'am* Methylamin *Ani* Anilin; *As* Ameisensäure; *Bzs* Benzoesäure, sonst wie Abb. 2.

Ein gleichartiger Unterschied zeigte sich auch in anderen Fällen. Der aliphatische Harnstoff z. B. war völlig unwirksam, der aromatische Phenylharnstoff dagegen schützte stark.

Weitere Versuche zeigten, daß nicht etwa die bloße Ringbildung im Schutzstoffmolekül allein die starke Schutzwirkung erklären kann, sondern daß die Doppelbindungen der benzoiden Struktur das Entscheidende sind. Die aromatischen Ringverbindungen Histidin und Benzoesäure schützten nämlich viel stärker als die entsprechenden nichtaromatischen aber ebenfalls ringhaltigen Verbindungen, das Prolin und die Cyclohexancarbonsäure.

Zusammenfassend läßt sich auf Grund der dargelegten Versuchsergebnisse über die Beziehungen zwischen chemischer Konstitution und Schutzwirkung gegen Röntgenhämolyse also sagen, daß die funktionellen Gruppen[1]) und die benzoidringförmige Struktur der organischen Verbindungen an ihrer Strahlenschutzwirkung beteiligt sind. Bei den funktionellen Gruppen besteht ein großer Unterschied in der Stärke der Wirkung zwischen der reduzierenden Sulfhydrylgruppe einerseits und den nichtreduzierenden Carboxyl-, Hydroxyl- und Aminogruppen andererseits. Der Einfluß der benzoid-ringförmigen Struktur auf die Strahlenschutzwirkung ist noch erheblich stärker als derjenige der SH-Gruppe.

Zum Mechanismus der Schutzstoffwirkung

Es ergibt sich nun die Frage nach den Ursachenverhältnissen, die diesen Zusammenhängen zwischen der Schutzwirkung und der chemischen Konstitution der Schutzstoffe zugrunde liegen. Man kann bei ihrer Beantwortung an die vorhin getroffene Feststellung anknüpfen, daß ganz allgemein zwischen dem Mechanismus der Strahlenwirkung und der Methode des Strahlenschutzes ein enger Zusammenhang besteht. Dies gilt aber in gleicher Weise auch für die Beziehungen zwischen Strahlenwirkung und Schutzstoffwirkung im besonderen.

Wenn wir weiter oben voraussetzten, daß die biologische Strahlenschädigung auf chemischem Wege durch Einwirkung hochreaktiver Spaltprodukte des Wassers auf die Moleküle der organischen Substanz zustande kommt, so müssen wir jetzt davon ausgehen, daß die schutzwirksamen Stoffe derartige Einwirkungen verhindern können. Die Frage nach dem Zusammenhang zwischen chemischer Konstitution und Mechanismus der Schutzwirkung wird somit, vom Standpunkt der indirekten Strahlenwirkung aus gesehen, mit der Frage nach der Reaktionsfähigkeit und der Reaktionsneigung der schützenden Verbindungen mit den Spaltprodukten des bestrahlten Wassers identisch.

1. Reduzierende aliphatische Verbindungen

Unter diesem Gesichtspunkt erscheint eine ursächliche Erklärung der Schutzwirkung der sulfhydrylgruppenhaltigen Stoffe besonders einfach, wenn man von

---

[1]) Als „funktionelle Gruppen" werden in der organischen Chemie reaktionsfähige Stellen von Verbindungen bezeichnet, die dadurch entstehen, daß in Kohlenwasserstoffen ein oder mehrere Wasserstoffatome durch Fremdatome (z. B. S, N, O) ersetzt werden, an welchen ohne Berührung des Kohlenstoffgerüsts weitere Reaktionen stattfinden können (s. KLAGES [20]).

der Reduktionsfähigkeit der SH-Gruppe ausgeht. Verbindungen, welche diese Gruppe enthalten, sind verhältnismäßig leicht oxydierbar, wie schon aus ihrer großen Neigung zur Verbindung mit dem Luftsauerstoff, der Autoxydabilität, hervorgeht. Je leichter aber ein Stoff oxydiert werden kann, desto stärker verhindert er natürlich die Oxydation nicht so leicht oxydabler Stoffe, welche gleichzeitig mit ihm zusammen einem oxydierenden Agens ausgesetzt sind. Es ist nun seit langem bekannt, daß viele biologische Strahlenwirkungen oxydativer Natur sind. Wie ich fand, trifft dies auch für die Röntgenhämolyse zu. Sie war in Erythrozytensuspensionen, welche vor der Bestrahlung 20 min lang mit Sauerstoff durchströmt worden waren, erheblich stärker als in den Vergleichsansätzen, in denen die Durchströmung anstatt mit Sauerstoff mit Stickstoff erfolgte. Durch diesen verstärkenden Einfluß des Sauerstoffs wird also der oxydative Charakter der Röntgenhämolyse deutlich, und man darf annehmen, daß in der Schutzwirkung der SH-Verbindungen gegen diesen Vorgang die oxydationshemmende Eigenschaft der reduzierenden SH-Gruppe ihren Ausdruck findet. Die SH-Gruppen reagieren nach BARRON [5] mit den in dem bestrahlten Wasser entstehenden oxydierenden Radikalen unter Bildung von Disulfiden. Die nach dieser Vorstellung zu erwartende Bildung von Cystin in röntgenbestrahlten Cysteinlösungen ist experimentell nachgewiesen [26].

Die Strahlenschutzwirkung der reduzierenden SH-Gruppen kann man sich also als eine einfache Ablenkung der oxydierenden Radikale von den Molekülen der lebenden Substanz auf die leicht oxydablen Schutzstoffmoleküle vorstellen. Der Wettbewerb zwischen Geweben und Schutzstoff um diese Radikale wird wegen der stärkeren Oxydationsneigung zugunsten des SH-haltigen Schutzstoffs entschieden.

2. Nichtreduzierende aliphatische Verbindungen

Viel schwieriger ist eine Erklärung dafür, daß auch Stoffe, an denen eine Reduktionswirkung mit den üblichen Testen gar nicht nachzuweisen ist, dennoch eine Schutzwirkung ausüben, und daß diese Schutzwirkung die Schutzwirkung der SH-Körper und anderer reduzierender Stoffe in vielen Fällen noch erheblich übertreffen kann. Zunächst könnte man noch, und zwar sowohl bei den aliphatischen als auch bei den aromatischen nichtreduzierenden Aminosäuren, darauf zurückgreifen, daß sie, wenn sie auch keine besonders leicht oxydablen Gruppen wie die SH-Gruppe enthalten, immerhin doch auch oxydable Objekte darstellen; als solche könnten sie imstande sein, Oxydationswirkungen von anderen Objekten, wenn auch nicht mit der gleichen Leichtigkeit, so doch in grundsätzlich gleicher Weise abzulenken wie reduzierende Verbindungen. Unter diesem Gesichtspunkt erscheint es wichtig, daß auch NH_2-, OH- und COOH-Gruppen, wie sie ja in Aminosäuren enthalten sind, die Oxydabilität organischer Verbindungen nachweislich erhöhen. Tatsächlich zeigt ja schon die allgemeine chemische Fachliteratur, daß die Oxydation organischer Stoffe sich zuerst an diesen Gruppen vollzieht. Es gibt zudem aber auch neuere Befunde, welche die Bedeutung dieser Gruppen für den besonderen Fall des strahlenchemischen Abbaus organischer Verbindungen darlegen. Eine grundlegende Reaktion bei der Röntgenbestrahlung von Aminosäuren ist die Abspaltung der Aminogruppe. Sie kommt ebenso wie die Oxydation der SH-Gruppe durch die aus dem Lösungswasser gebildeten Radikale zustande [13], [32]; die Aminosäuren werden durch Röntgenbestrahlung ferner decarboxyliert [29, 15]. Auch Fettsäuren werden durch Röntgenstrahlen zunächst an der Carboxylgruppe angegriffen [9], und bei Alkoholen beginnt der strahlenchemische Abbau an der Hydroxylgruppe [25]. Diese Ergebnisse zeigen, daß nicht nur die reduzierend wirkende SH-Gruppe, sondern auch die nichtreduzierenden funktionellen Gruppen organischer Stoffe durch die Strahlen bevorzugt und in stärkerem Maße angegriffen werden als andere Stellen des Moleküls. Die Oxydationsneigung solcher nichtreduzierender Gruppen ist natürlich viel geringer als die Oxydationsneigung der Sulfhydrylgruppe. Dies wurde in strahlenchemischen Untersuchungen an Eiweißen und an Aminosäuren auch unmittelbar nachgewiesen [5, 13]. Das Cystein z. B., das eine reduzierende SH-Gruppe und eine nichtreduzierende NH_2-Gruppe im Molekül enthält, wird zunächst nur an der SH-Gruppe angegriffen und zu Cystin oxydiert; erst dann wird das Molekül auch an der Aminogruppe angegriffen und oxydativ desaminiert.

Alle diese Befunde stützen die Vorstellung, daß nicht nur die reduzierende SH-Gruppe, sondern, wenn auch in geringerem Maße, auch die nichtreduzierenden Carboxyl-, Hydroxyl- und Aminogruppen die Neigung der Stoffe zu chemischen Reaktionen mit oxydierenden Radikalen erhöhen; sie müssen deshalb auch in grundsätzlich gleicher Weise wie SH-Gruppen oxydative Strahlenwirkungen von der lebenden Substanz auf sich ablenken können. Die verschieden starke Schutzwirkung der SH-haltigen und der nicht SH-haltigen aliphatischen Verbindungen kann einfach mit der verschieden großen Affinität der oxydierenden Radikale zu den reduzierenden und nichtreduzierenden funktionellen Gruppen erklärt werden.

3. Benzoid-ringförmige Stoffe

Bei den aromatischen Verbindungen, denen wir uns jetzt zuwenden wollen, wird man eine chemische Oxydationsablenkung durch nichtreduzierende Gruppen für die Erklärung der Schutzwirkung in grundsätzlich gleicher Weise heranziehen dürfen wie bei den aliphatischen Verbindungen. Der strahlenchemische Abbau aromatischer Stoffe setzt auch nachweislich an den Carboxyl- und Aminogruppen ein [7]. Im Hinblick auf die stärkere Wirksamkeit im Vergleich zu Stoffen aliphatischer Natur könnte man an eine erhöhte Reaktionsfähigkeit der funktionellen Gruppen in den aromatischen Verbindungen denken; unter diesem Gesichtspunkt läßt sich vielleicht die Tatsache verstehen, daß in röntgenbestrahlten Lösungen von Tyrosin und Phenylalanin die Desaminierung erheblich stärker ist als in röntgenbestrahlten Lösungen von Alanin und Glykokoll [6]. Auch die mit der Aufspaltung des Benzolrings (STENSTRÖM) und den dadurch entstehenden Spaltprodukten einhergehenden chemischen Reaktionen müssen in diesem Zusammenhang erwähnt werden. Wenn man jedoch berücksichtigt, daß die nichtreduzierenden aromatischen Verbindungen nicht nur größenordnungsmäßig stärker wirken als die entsprechenden nichtreduzierenden aliphatischen Verbindungen, sondern auch noch erheblich stärker als die reduzierenden Verbindungen, dann erscheint der einfache Mechanismus einer chemischen Oxydationsablenkung durch funktionelle Gruppen als Erklärung für die Strahlenschutzwirkung der benzoid-ringförmigen Stoffe von vornherein als unwahrscheinlich. Es liegt im Gegenteil nahe, hier völlig andere Verhältnisse in Betracht zu ziehen.

Dabei erscheint es mir wichtig, folgenden Punkt ins Auge zu fassen: Wenn ein Schutzstoffmolekül die oxydationsablenkende Wirkung vollzogen hat und dabei selbst oxydiert worden ist, so hat es seine schützende Eigenschaft verloren und kann deshalb nicht zum zweiten Male die gleiche Funktion ausüben. Diese an sich selbstverständliche Tatsache muß besonders festgehalten werden, wenn man sich bemüht, die offenbar ganz elektive Schutzwirkung von Aminosäuren mit benzoid-ringförmiger Struktur zu erklären. Vielleicht kommt diesen Molekülen mit benzoid-ringförmiger Struktur eine Schutzwirkung ganz anderer Art zu, bei deren Ausübung das Molekül nicht so weit verändert wird, daß es fortan zu jeder Wiederholung der Schutzwirkung untauglich ist. Das bedeutet, um es noch einmal hervorzuheben, natürlich keineswegs, daß nicht auch die benzoid-ringförmigen Stoffe mit ihren funktionellen Gruppen eine nicht wiederholbare Schutzwirkung oxydationsablenkender Natur ausüben könnten, sondern es besagt nur, daß eine Schutzwirkung dieser Art nicht das Charakteristische der Schutzwirkung solcher Stoffe ist. Dieses Charakteristische muß vielmehr in der benzoid-ringförmigen Struktur selbst liegen, und es bleibt zu prüfen, ob diese sozusagen spezifische Schutzwirkung ebenfalls unwiederholbar ist oder ob nicht durch das Vorhandensein der aromatischen Struktur eine Ablenkung der Röntgenenergie derart zustande kommen kann, daß das Molekül auch nach dem Ablauf des Schutzvorganges noch unverändert und deshalb erneut zur Schutzwirkung befähigt ist. Das Letztere wird schon dadurch wahrscheinlich, daß die benzoid-ringförmige Struktur durch Röntgenstrahlen verhältnismäßig schwer angegriffen werden kann, wie neuere vergleichende Untersuchungen über den strahlenchemischen Abbau von Benzol und Cyclohexan zeigen [24]. Trotzdem könnte die Natur der Schutzwirkung bei den Benzolderivaten immer noch chemischer Art sein, insbesondere wenn man die indirekte Oxydationswirkung der Strahlen durch oxydierende Wasserradikale ins Auge faßt. Strahlenchemische Reaktionen zeigen nämlich die typischen Merkmale von Radikalreaktionen [30]. Radikale reagieren aber besonders leicht mit einer Anzahl von Stoffen, welche als *Radikalfänger* bezeichnet werden. Solche durch Bestrahlung ausgelösten Reaktionen zwischen Radikalen und Radikalfängern können den Radikalfänger bleibend chemisch verändern und dadurch seine Reaktionsfähigkeit mit weiteren Radikalen aufheben oder doch herabsetzen, etwa so wie es bei der strahlenchemischen Oxydation des Cysteins zu Cystin durch oxydierende Radikale der Fall ist. Es gibt aber auch Radikalfangreaktionen, welche ohne meßbaren chemischen Umsatz des radikalfangenden Stoffes verlaufen, weil dieser in einer folgenden Reaktion wieder, wie FÖRSTER [16] es ausdrückt, „in seinen ursprünglichen Zustand zurückgebildet werden kann". Er würde damit also erneut für das Abfangen von Radikalen zur Verfügung stehen. Zu Reaktionen der zuletzt genannten Art aber neigen Phenole, aromatische Amine und die Carbonsäuren aromatischer Amine [16a, 30]. Substanzen also, wie sie in meinen Versuchen benutzt wurden. Der beschriebene Radikalfangmechanismus könnte deshalb an der Schutzwirkung solcher Stoffe beteiligt sein.

Die starke Strahlenschutzwirkung benzoid-ringförmiger Stoffe wird noch leichter verständlich, wenn man die Tatsache berücksichtigt, daß die von den Molekülen des bestrahlten Testobjekts (in unserem Falle also der Erythrozytenmembran) in physikalischer oder chemischer Weise aufgenommene Energie nicht nur am Absorptionsort selbst wirksam zu werden braucht, sondern von hier aus auf physikalischem oder chemischem Wege weiterwandern kann, und zwar nicht nur innerhalb des die Energie ursprünglich aufnehmenden Moleküls, sondern auch nach benachbarten Molekülen hin. Ich kann an dieser Stelle auf diese Verhältnisse nicht näher eingehen, sondern nur darauf hinweisen, daß ein solcher Energietransport vor allem durch Ionisations- und Anregungsübertragungen erfolgt. Gerade aromatische Verbindungen sind nun als Empfänger bei Ionisationsübertragungen sehr geeignet; ihnen kommt aber auch in besonderem Maße die Fähigkeit zur Aufnahme und zur Weitergabe und Verteilung von Anregungsenergie zu. Sind also in unmittelbarer Nähe der die Strahlenenergie aufnehmenden Moleküle der lebenden Substanz benzoid-ringförmige Moleküle zugegen, so können die Moleküle der lebenden Substanz vielleicht gefährliche bereits aufgenommene Röntgenenergie auf diese Stoffe abladen, noch bevor sie sich in einer schädlichen chemischen Reaktion auswirkt.

Die Möglichkeit einer Schutzwirkung durch Ionisations- und Anregungsübertragung läßt sich durch die schematische Darstellung dieser Vorgänge veranschaulichen:

$$A^+ + B \rightarrow A + B^+ + \text{Energie}$$
Ionisationsübertragung

$$A^* + B \rightarrow A + B^* + \text{Energie}$$
Anregungsübertragung

Wenn man gemäß dieser Darstellung annimmt, daß A das zunächst ionisierte oder angeregte Molekül der biologischen Substanz darstellt ($A \xrightarrow{h\nu} A^+$ bzw. A^*) und B das nichtionisierte oder nichtangeregte Schutzstoffmolekül, dann leuchtet es unmittelbar ein, daß die Schädigung der biologischen Substanz durch die Übertragung der Ionisation oder der Anregung auf die Schutzstoffmoleküle verhindert wird.

Der Vorgang der Anregungsübertragung erscheint besonders geeignet, die hohe Schutzkraft der Stoffe mit benzoid-ringförmiger Struktur verständlich zu machen, denn die Energieübertragung von Molekül zu Molekül kann dabei nicht nur durch einen Zusammenstoß eines angeregten mit einem unangeregten Molekül erfolgen [12], sondern grundsätzlich auch zwischen räumlich voneinander getrennten Molekülen [18, 28, 16, 8, 33]. Auf das Wesen dieses Vorganges kann hier nicht näher eingegangen werden. Es erscheint aber in den hier erörterten Zusammenhängen erwähnenswert, daß für die aromatischen Aminosäuren, welche die Röntgenhämolyse in meinen Versuchen besonders stark hemmten, kürzlich eine Übertragung von Anregungsenergie zwischen räumlich getrennten Molekülen experimentell nachgewiesen worden ist [19]. In diesem Zusammenhang erscheinen mir auch Befunde erwähnenswert, wonach die Zerstörung nichtaromatischer Stoffe wie Chloroform und Cyclohexan durch Röntgenstrahlen bei Gegenwart kleiner Mengen von Benzol stark vermindert wird [7, 10]; auch in diesen Fällen wird die Schutzwirkung des Benzols durch Anregungen und Ionisationsübertragungen von den nichtaromatischen Stoffen auf das aromatische Benzol erklärt. Ich meine, daß hier eine unmittelbare Parallele zu meinen Versuchen über die Schutzwirkung aromatischer Stoffe an Blutkörperchensuspensionen gegeben ist. Es spricht nichts dagegen, daß auch bei meinen Versuchen die von den Molekülen der Erythrozytenmembran aufgenommene Röntgenenergie in dieser Weise auf die benzoid-ringförmigen Schutzstoffmoleküle übertragen und dadurch die chemische Schädigung des biologischen Testobjekts verhindert wird.

Wenn man das Wesentliche dieser Darlegungen über den Mechanismus der Schutzstoffwirkung kurz zusammenfaßt, dann kann man sagen, daß die Strahlenschutzstoffe die zunächst von dem bestrahlten Objekt aufgenommene Energie von diesem übernehmen. Infolgedessen wird nicht das bestrahlte Objekt geschädigt, sondern der Schutzstoff. Die Schädigung des Schutzstoffes besteht in einer chemischen oder physikalischen Veränderung. — Im Hinblick auf den feineren physikalisch-chemischen Wirkungsmechanismus lassen sich die Schutzstoffe in zwei Gruppen einteilen. Die Schutzstoffe der einen Gruppe werden durch die Energieaufnahme bleibend (chemisch) verändert und verlieren infolgedessen nach einmaliger Schutzausübung ihre schützende Eigenschaft. Die Schutzstoffe der anderen Gruppe werden zwar im Anschluß an die Energieaufnahme zunächst ebenfalls, und zwar entweder chemisch oder physikalisch, verändert, kehren aber sehr schnell wieder in ihren Ausgangszustand zurück. Sie können nun erneut schützen und wirken deshalb stärker als Stoffe, welche zu der erstgenannten Gruppe gehören.

Bei dieser vereinfachten Darstellung des Wirkungsmechanismus von Schutzstoffen im biologischen Strahlenschutz wird auch die Übereinstimmung mit Vorstellungen deutlich, welche BURTON, GORDON u. HENTZ [11] auf Grund chemischer Studien über die zerstörende Wirkung ionisierender Strahlen auf Kohlenwasserstoffgemische entwickelt haben. Diese Autoren unterscheiden ebenfalls eine Schutzwirkung, welche unter starker Zerstörung des Schutzstoffes zustande kommt, von einer Schutzwirkung, bei der die Moleküle des Schutzstoffes (infolge von Anregungs- und Ionisationsübertragungen) nur wenig verändert werden. Eine Schutzwirkung der ersteren Art bezeichnen sie als *opferartig* („sacrificial role in protection"), eine Schutzwirkung der letzteren Art als *schwammartig* („spongetype protection").

Schlußbemerkung

Man sieht aus all diesen Erörterungen, daß die Wirkungsweise der Strahlenschutzstoffe auch in vitro nicht in allen Fällen einfach zu erklären ist. Die von mir unter Heranziehung der neuen chemischen und physikalisch-chemischen Erkenntnisse vorgenommene Deutung meiner Ergebnisse kann einstweilen auch nur als ein Versuch eingeschätzt werden, wenn sich auch bei näherer Betrachtung auffallende Parallelen zwischen biologischen und chemischen Schutzwirkungen ergeben. Ähnliche Parallelen haben BACQ und ALEXANDER [1, 2] bei der vergleichenden Prüfung der Strahlenschutzwirkung einer großen Anzahl von Stoffen am Polymethylacrylat und an Mäusen gefunden. In diesem Zusammenhang sei auch auf die von BACQ ausgesprochene Vermutung aufmerksam gemacht, daß die große Strahlenresistenz vieler Insekten auf den hohen Gehalt dieser Tiere an aromatischen Aminosäuren zurückgeführt werden könnte, also gerade derjenigen Stoffe, welche in meinen Versuchen einen starken Schutz gegen Röntgenhämolyse bewirkten. — Immerhin ergeben sich auch manche Unstimmigkeiten zwischen meinen Befunden und den in der Literatur vorliegenden Versuchsergebnissen, welche am Ganztier erhalten worden sind. So fanden BACQ u. HERVE [4] bei Mäusen z. B. eine nur schwache Schutzwirkung aromatischer Aminosäuren und demgegenüber eine starke Schutzwirkung der entsprechenden Amine. Daraus geht hervor, daß im Hinblick auf die Wirkungsweise der Strahlenschutzstoffe noch viele Fragen offen sind; sie werden erst beantwortet werden können, wenn durch vergleichende Untersuchungen an einfachen Modellobjekten einerseits und an dem komplizierten Testobjekt des lebenden Versuchstieres andererseits zahlreiche weitere Kenntnisse gewonnen worden sind.

Literatur

[1] ALEXANDER, P., Brit. J. Radiol. 26 (1953) 413.
[2] BACQ, Z. M. in RAJEWSKY, B., Wissenschaftliche Grundlagen des Strahlenschutzes. G. Braun, Karlsruhe 1957, S. 177.
[3] BACQ, Z. M. u. HERVE, A., C. R. Séances Soc. Biol. Filiales 143 (1949) 881.
[4] BACQ, Z. M. u. HERVE, A., Bull. Acad. roy. Méd. Belgique 17 (1952) 13.
[5] BARRON, E. S. G., Radiat. Res. 1 (1954) 109.
[6] BARRON, E. S. G., AMBROSE, J. and JOHNSON, P., Radiat. Res. 2 (1955) 145.
[7] BOUBY, L. and GISLON, N., Radiat. Res. 9 (1958) 94.
[8] BOWEN, F., Symposia Soc. exp. Biol. 5 (1951) 152.
[9] BREGER, I. A., BURTON, V. L., HONIG, R. E. and SHEPPARD, C. W., J. Physic. Colloid Chem. 52 (1948) 551; zit. nach BACQ, Z. M. u. ALEXANDER, P., Fundamentals in Radiobiology. Butterworth Sci. Publ., London 1955, p. 41.
[10] BURTON, M., CHANG, J., LIPSKY, S. and REDDY, M. P., Radiat. Res. 8 (1958) 203.
[11] BURTON, M., GORDON, S. and HENTZ, R., J. Chim. physique 48 (1951) 190.
[12] COLLINSON, E. and SWALLOW, A. J., Chem. Reviews 56 (1956) 471.
[13] DALE, W. M., DAVIES, J. V. u. GILBERT, G. W., Biochem. J. 45 (1949) 93; Biochem. J. 45 (1949) 543.
[14] DOHERTY, D. G. and BURNETT, W. T., jr., 126th Natl. Meet. Amer. Chem. Soc., Abstr. of Papers p. 96 (1954) — Proc. Soc. exp. Biol. Med. 89 (1955) 312.
[15] FLEMMING, K., Naunyn-Schmiedeberg's Arch. exp. Pathol. Pharmakol. 1961 (Im Druck).
[16] FÖRSTER, TH., Fluorescenz organischer Verbindungen. Göttingen, Vandenheek u. Ruprecht 1951.
[16a] FÖRSTER, TH., Ann. Physik 6. Folge 2 (1948) 55.
[17] HOLTHUSEN, H., Fortschr. Gebiete Röntgenstrahlen verein. Röntgenprax. 29 (1922), 777; Strahlentherapie 14 (1923) 561.

[18] KALLMANN, H. u. LONDON, F., Z. physik. Chem. Abt. B **2** (1928) 207.
[19] KARREMAN, G., STEELE, R. H. and SZENT-GYÖRGYI, A., Proc. nat. Acad. Sci. USA **44** (1958) 140.
[20] KLAGES, F., Lehrbuch der organischen Chemie. W. de Gruyter, Berlin 1954, Bd. I, S. 6.
[21] KOCH, R. u. MELCHING, H. J., Med. Klin. (1959) 1635.
[22] LANGENDORFF, H., LANGENDORFF, M. u. KOCH, R., Strahlentherapie **98** (1955) 245 und Strahlentherapie **107** (1958) 121.
[22a] dies. c. Strahlentherapie **99** (1956) 567.
[23] LATARJET, R. u. GRAY, L. H., Acta Radiologica (Stockholm) **41** (1954) 61.
[24] MANION, J. P. and BURTON, M., J. physic. Chem. **56** (1952) 560.
[25] McDONNET, W. R., Amer. Atom. Com. U.C.R.L. 1378 (1950) zit. nach Z. M. BACQ u. P. ALEXANDER: Fundamentals in Radiobiology. Butterworth Sol. Publ., London 1955.
[26] MINDER, W., Bull. schweiz. Akad. med. Wiss. **11** (1955) 290.
[27] PATT, H. M., TYREE, E. B., STRAUBE, R. L. and SMITH, D. E., Science (Washington) **110** (1949) 213.
[28] PERRIN, F., Ann. Chimic. Physique **17** (1932) 283.
[29] RAJEWSKY, B. u. DOSE, K., Naturforsch. **12 b** (1957) 384.
[30] SCHENCK, G. O., Angew. Chem. **69** (1957) 579.
[31] SCHREIBER, H., Z. ges. Hygiene Grenzgebiete **6** (1960) 26.
[32] STEIN, G. u. WEISS, J., Nature (London) **162** (1948) 184.
[33] WAWILOW, S. I., Die Mikrostruktur des Lichtes: Untersuchungen und Grundgedanken. Akademie-Verlag, Berlin 1954.

Aus dem Institut für Strahlenforschung der Humboldt-Universität Berlin

Über den photosensibilisierten Abbau von Makromolekülen durch aromatische Kohlenwasserstoffe[1])

H. Mönig, Berlin

1958 wurde auf der Biophysik-Tagung in Oberhof über den photochemischen Abbau von Polymethacrylester in Lösung berichtet [1]. Es konnte gezeigt werden, daß u. a. in den Lösungsmitteln Dioxan und Benzol eine rasche Depolymerisation durch UV-Strahlung unterhalb 295 mμ erfolgt, während längerwelliges UV-Licht das Polymer nur langsam abbaut. Es wurde nun untersucht, ob die KWSt 3,4-Benzpyren und Pyren in dem längerwelligem UV-Gebiet Sensibilisatoreigenschaften besitzen.

Die Lösungen wurden mit einem Quecksilberhochdruckbrenner vom Typ PRK 2 (S 450) bestrahlt, dessen UV-Licht unterhalb 295 mμ durch ein WG 5-Filter abgeschnitten wurde. Die Depolymerisation der Makromoleküle wurde viskosimetrisch bestimmt, wobei als Maß die spezifische Viskosität Verwendung fand.

Es zeigt sich, daß 3,4-Benzpyren nur im Lösungsmittel Benzol einen beschleunigten Abbau hervorruft, dagegen im Lösungsmittel Dioxan nicht [2]. In Abb. 1 ist die Abnahme der spez. Viskosität (η_{sp}) in Abhängigkeit von der Bestrahlungszeit für 3,4-Benzpyren (20 mg/l) im Lösungsmittel Benzol bei normaler O$_2$-Spannung aufgetragen. Als Kontrolle enthält die Abb. den Abbau bei normaler O$_2$-Spannung ohne Sensibilisator. Für den Abbau mit Sensibilisator muß Sauerstoff

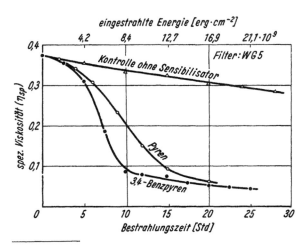

Abb. 1. Spez. Viskosität benzolischer Lösungen von Polymethacrylester mit und ohne Sensibilisatorzusätzen in Abhängigkeit von der Bestrahlungszeit nach UV-Einwirkung bei Verwendung von WG 5-Filtern.

---

[1]) Gekürzte Wiedergabe des Vortrags. Ausführliche Mitteilung erscheint an anderer Stelle.

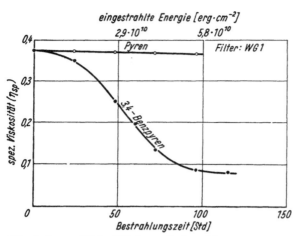

Abb. 2. Spez. Viskosität benzolischer Lösungen von Polymethacrylester mit 3,4-Benzpyren bzw. Pyren in Abhängigkeit von der Bestrahlungszeit nach UV-Einwirkung bei Verwendung von WG 1-Filtern.

Abb. 3. p-Banden von Pyren und 3,4-Benzpyren in Alkohol nach E. CLAR [3]. Die Grenzwellenlängen der WG-Gläser sind durch Pfeile gekennzeichnet.

in der Lösung vorhanden sein [2]. Entfernt man nämlich vor der Bestrahlung den Sauerstoff, so ist die Abnahme der spez. Viskosität noch geringer, als bei der in Abb. 1 eingezeichneten Kontrolle.

Verwendet man an Stelle des 3,4-Benzpyrens in benzolischer Lösung den nichtcancerogenen KWSt Pyren (20 mg/l), so erhält man qualitativ den gleichen Abbauverlauf (s. Abb. 1). Auch hier tritt die Depolymerisation nur bei Anwesenheit von Sauerstoff auf.

Filtert man die UV-Strahlung unterhalb 360 mμ ab, indem man an Stelle der WG 5-Filter solche vom Typ WG 1 verwendet, so zeigt nur noch die benzolische 3,4-Benzpyrenlösung einen Abbau, die Lösung mit Pyren dagegen praktisch nicht mehr (Abb. 2).

Betrachtet man daraufhin die UV-Absorptionsspektren des Pyrens und Benzpyrens (Abb. 3) [3], so erkennt man, daß die p-Bande (in der Abbildung allein gezeichnet) des Pyrens unterhalb der Grenzwellenlänge des WG 1-Filters, die des 3,4-Benzpyrens zum größten Teil darüber liegt. Bei Verwendung des WG 5-Filters liegt dagegen auch die p-Bande des Pyrens zum größten Teil oberhalb der Grenzwellenlänge dieses Filters. Es läßt sich demnach vermuten, daß jeweils dieser Teil des Absorptionsspektrums, der den meso-Stellen dieser Moleküle entspricht, für die in benzolischer Lösung auftretenden Effekte verantwortlich ist.

Zur Deutung der Ergebnisse muß man bemerken, daß bei Bestrahlung des Polymethacrylesters in Benzol ohne Zusatz von Benzpyren bzw. Pyren mit kurzwelligem UV-Licht u. a. auch ein oxydativer Abbau stattfindet [1]. Dadurch lassen sich die hier beschriebenen Versuche möglicherweise durch den von SCHÖN-

BERG [4] sowie von G. O. SCHENCK [5] formulierten Mechanismus der Sauerstoffübertragung deuten, indem auch dieser Abbau oxydativ ausgelöst wird. Diese Vermutung wird bestärkt, da Untersuchungen von SCHENCK gezeigt haben, daß 3,4-Benzpyren ein vorzüglicher Photosensibilisator ist [6].

Literatur

[1] MÖNIG, H., Probleme aus Biophysik und Strahlenbiologie II. Akademie-Verlag, Berlin 1960.
[2] MÖNIG, H. u. KRIEGEL, H., Proc. III. Int. Photobiol. Congr., Amsterdam 1961, 618.
[3] CLAR, E., Aromatische Kohlenwasserstoffe. Springer-Verlag, Berlin/Göttingen/Heidelberg 1952.
[4] SCHÖNBERG, A., Präparative organische Photochemie. Springer-Verlag, Berlin/Göttingen/Heidelberg 1958.
[5] SCHENCK, G. O., s. z. B. Angew. Chem. 69 (1957) 579.
[6] SCHENCK, G. O., Naturwissenschaften 43 (1956) 71.

Aus dem Institut für Strahlenforschung der Humboldt-Universität Berlin

Photochemische Umwandlungsprodukte in UV-bestrahlten wäßrigen Lösungen von *l*-Histidin[1])

G. PFENNIGSDORF, Berlin

l-Histidinmonohydrochlorid wurde in 5%iger wäßriger Lösung mit dem Gesamtspektrum eines Quarz–Quecksilber-Hochdruckbrenners unter Verwendung eines 2 cm starken Wasserfilters in einer Quarzküvette bestrahlt. Die Intensität lag im Mittel bei $3{,}27 \cdot 10^4$ erg cm^{-2} sec^{-1}. Es wurden nur solche Bestrahlungsprodukte nachgewiesen, welche die Ninhydrin-Reaktion geben. Nach Bestrahlung in O_2-Atmosphäre wurden die folgenden Verbindungen festgestellt: Histamin, β-Alanin, Asparaginsäure, Glutaminsäure (Spuren), α-Alanin und Glycin.

Wir nehmen an, daß alle diese Substanzen mit Ausnahme des β-Alanins direkt aus dem Histidinmolekül entstanden sind — wenn auch sicher über eine Reihe von Zwischenstufen —, und zwar das Histamin durch eine Dekarboxylierung, Alanin und Glycin durch Absprengung der Seitenkette bzw. eines Teiles der Seitenkette und Asparaginsäure sowie Glutaminsäure durch oxydative Aufsprengung des Imidazolringes. Die Bildung von Alanin aus der entstandenen Asparaginsäure ist nach unseren Untersuchungen zu vernachlässigen. Dagegen muß das β-Alanin analog der Asparaginsäurebildung aus Histidin durch Ringsprengung aus dem unter der Bestrahlung gebildeten Histamin entstanden sein.

Wird wäßrige Histidinmonohydrochloridlösung unter N_2 bestrahlt, so wird Asparaginsäure nur nach sehr langen Bestrahlungszeiten in Spuren gefunden. Ebenso ist die Histaminbildung sehr viel geringer, dagegen wird die Entstehung von Alanin und Glycin nicht erkennbar beeinflußt.

---

[1]) Gekürzte Wiedergabe des Vortrages. Ausführliche Veröffentlichung erfolgt an anderer Stelle.

Aus dem Institut für Medizin und Biologie
der Deutschen Akademie der Wissenschaften zu Berlin, Berlin-Buch
Arbeitsbereich Physik
(Bereichsdirektor: Prof. Dr. Dr. Fr. Lange)

Versuche zur Erklärung des Mechanismus der Entstehung von UV-Krebs

R. Wetzel, Berlin

Bei der Untersuchung des Problems der Entstehung von Lichtkrebs gelang es mehreren Autoren nachzuweisen, daß der cancerogen wirksame Teil des Spektrums im UV-B liegt. Wir fanden durch Versuche mit monochromatischem UV-Licht, daß die Linien 289 nm und 297 nm nicht cancerogen wirksam sind. Die Linie 302 nm erwies sich als am stärksten tumorerzeugend. Bei 313 nm liegt die zur Krebsauslösung notwendige Dosis wesentlich höher als bei 302 nm [1]. Die Untersuchungen wurden an den Ohren von Albinomäusen ausgeführt.

Bei Berücksichtigung der spektralen Abhängigkeit der Eindringtiefe des Lichtes in die Epidermis kann man eine Beziehung zwischen dem Wirkungsspektrum der cancerogenen Eigenschaften des ultravioletten Lichtes und den Absorptionsspektren der Aminosäuren Tyrosin und Tryptophan finden. Die Annahme, daß die Absorption des die Krebsentstehung auslösenden Lichtes durch diese beiden Aminosäuren geschieht, wird gestützt durch das Vorkommen von Melanin in den lichtinduzierten Tumoren.

Daß das Tryptophan bei der Entstehung des Blasenkrebses beteiligt ist, konnte Boyland durch den Nachweis eines übernormalen Gehaltes von Anthranilsäure, 3-Hydroxyanthranilsäure, Kynurenin und 3-Hydroxykynurenin im Urin von Patienten mit Blasenkrebs zeigen [2]. Durch 3-Hydroxyanthranilsäure ist es möglich, Blasenkrebs bei der Maus zu erzeugen. Auch das Indol, welches bei Mensch und Tier aus dem Tryptophan im Zusammenhang mit der Melaninbildung entsteht, ist cancerogen und könnte in Verbindung mit der Entstehung der von uns erzeugten Lichttumoren stehen. Es erhebt sich die Frage, ob die Möglichkeit besteht, daß durch photochemische Umsetzungen aus dem körpereigenen Tyrosin oder Tryptophan eine cancerogen wirksame Substanz entsteht.

Nehmen wir einen Einquantenprozeß an, so ergibt eine einfache Rechnung in Anlehnung an Vorstellungen von Dannenberg [3], daß bei Bestrahlung mit $\lambda = 302$ nm und einer durch die Epidermis hindurchtretenden Dosis von $8 \cdot 10^7$ erg/cm², wie sie in unseren Versuchen gemessen wurde, beim Tryptophan 4,5 mg/cm² und beim Tyrosin 3,7 mg/cm² Photoprodukt gebildet werden kann. Diese Substanzmengen sind vergleichbar mit den Mengen, die zur Erzeugung von Tumoren mit chemischen Agentien benötigt werden, wobei zu bemerken ist, daß bei einer Bildung der cancerogenen Substanzen innerhalb der Zelle sicher wesentlich geringere Mengen zur Krebserzeugung ausreichen. Es muß natürlich nicht eine Umwandlung in cancerogene Substanzen stattfinden. Es ist durchaus denkbar, daß Veränderungen einer Zellsubstanz durch die Lichtabsorption Reaktionsabläufe in der Zelle so beeinflussen, daß Tumoren entstehen.

Die verwendeten Lichtenergien gestatten Aussagen über die Art der photochemischen Reaktionen. Die Wellenlängen 302 nm bzw. 313 nm entsprechen Energien von 96 kcal/Mol bzw. 90 kcal/Mol. Bei Annahme eines Einquantenprozesses darf also die Energie, die notwendig ist, um einen zum Krebs führenden Vorgang einzuleiten, nicht kleiner als 90 kcal/Mol sein, denn bei Bestrahlung mit Wellenlängen, die größer als 313 nm sind, z. B. bei 320 nm (84 kcal/Mol), konnte eine Entstehung von Tumoren nicht beobachtet werden. Andererseits war die in unseren Experimenten verwendete Energie nicht größer als 96 kcal/Mol. Daraus kann man schließen, daß eine Zerstörung von C–C-Bindungen (80 kcal/Mol) oder C–H-Bindungen (87—100 kcal/Mol) stattfindet.

Wir haben in Zusammenarbeit mit Frl. Dr. LINDIGKEIT und Fr. LIPKE in unserem Institut Versuche angestellt, um die durch Bestrahlung von Tyrosin und Tryptophan mit UV entstehenden Photoprodukte zu erfassen. Dazu wurden Tyrosin bzw. Tryptophan mit verschiedenen Dosen in Phosphatpuffer von $p_H = 7,2$ bestrahlt. Benutzt wurde eine Hg-Lampe S 300.

Die zerstörende Wirkung der UV-Strahlung wurde zunächst mit der Ninhydrinreaktion verfolgt. Es zeigt sich, daß die NH_2-Gruppe des Tyrosins gegen UV-Strahlung resistenter als die des Tryptophans ist (Abb. 1 u. Abb. 2).

Die papierchromatische Analyse der Photoprodukte des Tryptophans ergab folgendes Resultat. Bei einer Bestrahlungsdosis von $1,7 \cdot 10^9$ erg/cm² traten zwei zusätzliche Komponenten auf, die durch ihre Fluoreszenz nachgewiesen werden

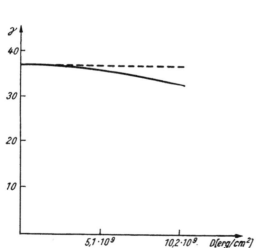

Abb. 1. Zerfall des Tyrosins durch Bestrahlung.

Gestrichelte Kurve: unbestrahltes Tyrosin.
Ausgezogene Kurve: bestrahltes Tyrosin.

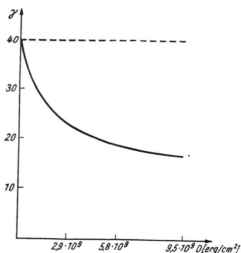

Abb. 2. Zerfall des Tryptophans durch Bestrahlung.

Gestrichelte Kurve: unbestrahltes Tryptophan.
Ausgezogene Kurve: bestrahltes Tryptophan.

Versuche zur Erklärung des Mechanismus der Entstehung von UV-Krebs 61

Abb. 3. Fluoreszenzaufnahme von Papierchromatogrammen.
Oben: unbestrahltes Tryptophan.
Mitte: mit $3,4 \cdot 10^9$ erg/cm² bestrahltes Tryptophan.
Unten: mit $2 \cdot 10^{10}$ erg/cm² bestrahltes Tryptophan.

konnten. Ein Vergleich der R_f-Werte dieser Photoprodukte mit Testsubstanzen und Ausführung verschiedener Farbreaktionen (Ninhydrin, p-Dimethylaminobenzaldehyd), machen es wahrscheinlich, daß es sich um Oxyindolmilchsäure und Oxyskatol handelt. Nach Bestrahlung mit $3,4 \cdot 10^9$ erg/cm² war Oxyskatol noch nachweisbar, nicht aber Oxyindolmilchsäure. Dafür trat als neue Komponente Tryptamin auf. Nach Bestrahlung mit $2 \cdot 10^{10}$ erg/cm² waren sieben verschiedene Photoprodukte durch ihre Fluoreszenz nachweisbar (Abb. 3). Die drei Photoprodukte, die bereits nach kürzeren Bestrahlungszeiten nachweisbar waren, sind auch nach Bestrahlung mit $2 \cdot 10^{10}$ erg/cm² vorhanden. Die Identifizierung der vier zusätzlichen Substanzen ist im Gange. Dabei kann es sich bei der Komponente zwei um Oxyindolessigsäure oder Oxyindolpropionsäure handeln, während für die Komponenten vier bis sechs nach den R_f-Werten zu schließen Indolmilchsäure, Indolpropionsäure, Indolessigsäure oder Oxyindol in Frage kommen.

Die Photoprodukte des Tyrosins zeigen im UV-Licht keine erkennbare Fluoreszenz und konnten deshalb nur durch ihre Ninhydrinreaktion bzw. durch ihre Eigenfarbe erkannt werden. Das Papierchromatogramm des Tyrosins zeigt im Gegensatz zu dem des Tryptophans am Startfleck eine braune Substanz, die als Melanin gedeutet wurde. Außerdem wurde Dopa gefunden und eine ninhydrinpositive Substanz, die sich papierchromatographisch wie Phenylalanin verhält.

Literatur

[1] WETZEL, R., Arch. Geschwulstforsch. **14** H. 2 (1959) 120.
[2] BOYLAND, E. u. WILLIAMS, D. C., Biochem. J. **64** (1956) 579.
[3] DANNENBERG, H., Strahlentherapie **93** H. 4 (1954) 610.

Forschungsinstitut für Fernmeldewesen, Budapest
und Zentralforschungsinstitut für Chemie, Budapest

Eine mögliche Erklärung des krebsbildenden Effekts der Strahlung und einiger Kohlenwasserstoffe durch die Elektronenstruktur der Nukleinsäure

T. A. HOFFMANN und J. LADIK, Budapest

Die DNS besteht außer der Desoxyribose und den Phosphatketten noch aus vier Arten von Basen, aus Adenin, Thymin, Guanin und Cytosin. Diese fastplanaren Moleküle sind nach den Röntgendiffraktionsversuchen und dem WATSON-CRICKschen Modell übereinander in einer Entfernung von 3,36 Å in der Weise geordnet, daß die so entstandenen Riesenmoleküle Spiralen bilden [1]. Je zwei von diesen Basen sind durch Wasserstoffbrücken zu Basenpaaren vereinigt und zwar Adenin mit Thymin, und Guanin mit Cytosin (Abb. 1). So entstehen Doppelspiralen in der DNS (Abb. 2).

Wir haben die Verteilung der Elektronen dieser Doppelspiralen in drei Schritten diskutiert. Als erstes haben wir nach der quantenchemischen LCAO-Methode die Energien der einzelnen Basen ausgerechnet. Es zeigte sich, daß sich die Energieniveaus der vier Basen, und noch mehr die der zwei Basenpaare [2] (Tab. 1) nicht viel voneinander unterscheiden. Dies ist der Anlaß dafür, daß, wenn die Wechselwirkung zwischen zwei übereinanderliegenden Basen nicht zu klein ist, diese Energieniveaus zu Banden ausgebreitet werden (Abb. 3).

Als zweiten Schritt können wir die Wechselwirkung zwischen zwei übereinanderliegenden Basen ausrechnen. Diese schien drei bis sechsfach so groß zu sein, wie die Wechselwirkung zwischen zwei Atomen, die die entsprechende Rolle bei Proteinketten spielten, woraus EVANS und GERGELY [3] auf die Bandstruktur des Proteinmoleküls schließen konnten. Bei der DNS ist das C–C-Überlappungsintegral 0,032, das C–N-Überlappungsintegral 0,015, bei dem Protein ist das ent-

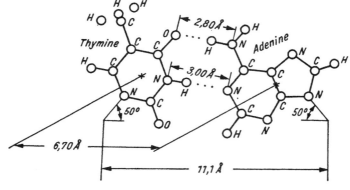

Abb. 1

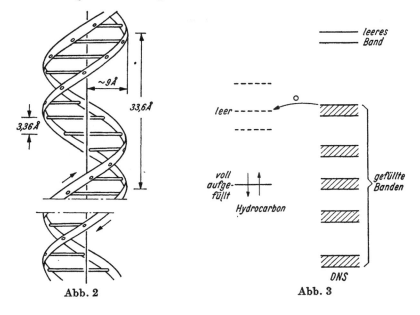

Abb. 2   Abb. 3

Tabelle 1

Die Energieniveaus der Basenpaare Adenin–Thymin
und Guanin–Cytosin in β-Einheiten.

	Adenin–Thymin		Guanin–Cytosin	
I. {	−0,946		−1,065	II.
	−0,847	I.	−0,781	I.
1. {	0,452		0,308	1.
	0,527	1.	0,612	2.
2.	0,838		0,682	
3. {	1,032	2.	0,990	3.
	1,076		1,074	
4. {	1,587	3.	1,215	4.
	1,596		1,586	5.
5. {	1,963	4.	1,972	6.
	2,066		2,014	
6.	2,559		2,353	7
7.	2,903	5.	3,079	8
8.	3,224		3,171	

sprechende O–N-Überlappungsintegral 0,005. Dies besagt also, daß auch die DNS eine Bandstruktur besitzt, und zwar eine solche, bei welcher über dem höchsten gefüllten Band eine verbotene Zone existiert, deren Breite auf 3,4 eV geschätzt werden kann.

Beim dritten Schritt betrachteten wir die Photokonduktion oder den gewöhnlichen Leitungsmechanismus in der DNS-Doppelspirale in Richtung der Achse, wonach in einem elektrostatischen Felde eine Polarisation des DNS-Moleküls stattfindet. Gelangt nämlich ein Elektron in das erste leere Band, in das sogenannte Leitungsband — entweder durch Absorption von Strahlung höherer Energie als 3,4 eV, oder durch Übernehmen des betreffenden Elektrons einer fremden Substanz —, so ist dieses Elektron im Leitungsband beweglich. In den Geweben gibt es immer ein statisches oder quasistatisches elektrisches Feld. Dieses Feld bewirkt, daß sich das im Leitungsband befindliche Elektron in Richtung des Feldes (bzw. in entgegengesetzte Richtung, da das Elektron eine negative Ladung besitzt) bewegt. Falls das Feld zur Achse der DNS-Spirale senkrecht ist, wird das keinen bemerkenswerten Effekt hervorrufen. In dem Falle aber, wenn das Feld zur Achse der DNS-Spirale parallel ist, wird das eine Ende der DNS negativ geladen sein, da das Elektron durch das Feld dorthin bewegt wird. Das andere Ende ist dann entweder ungeladen (im Falle, daß das Elektron von einem fremden Molekül übernommen wurde), oder positiv geladen (dies im Falle, daß das Elektron durch Absorption vom unteren Band in das Leitungsband gelangte). Jedenfalls ist die DNS-Spirale polarisiert (Abb. 4). Die Achsen der DNS-Spiralen sind aber im allgemeinen statistisch in allen Richtungen gleichmäßig verteilt. Dies bewirkt, daß 50% aller Spiralen in Richtung des Feldes liegen.

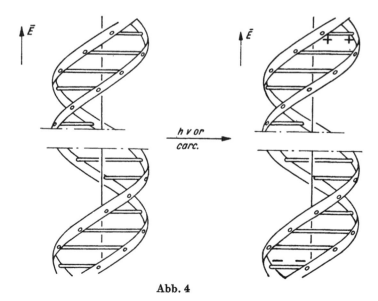

Abb. 4

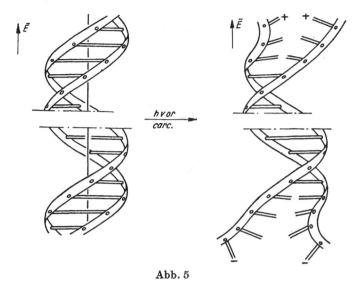

Abb. 5

Bestrahlt man die DNS mit elektromagnetischer Strahlung mit einer Energie höher als 3,4 eV, oder bringt man sie mit einem Molekel zusammen, das ihr ein Elektron übergeben oder wegnehmen kann (krebsbildende Substanz), so tritt bei gleichzeitiger Einwirkung eines statischen oder quasistatischen elektrischen Feldes eine Polarisation der DNS ein, wodurch mindestens das eine Ende des Moleküls eine oder mehr Elektronenladungen besitzt.

Man kann die Bindungsenergie der obengenannten Basenpaare, also die Summe der Energien der sie zusammenhaltenden Wasserstoffbrücken und der Resonanzenergie ausrechnen. Diese Bindungsenergie zeigte sich von derselben Größenordnung wie die elektrostatische Abstoßungsenergie zwischen zwei halben Elektronenladungen in den Mittelpunkten zweier solcher Basen. Dies besagt, daß, während ein elektrisch ungeladenes Basenpaar stabil ist, ein mit einer Elektronenladung versehenes Basenpaar energetisch instabil ist, wenigstens sind die Wasserstoffbindungen aufgehoben. So beginnt an diesem Ende der DNS ein Abwinden der zwei Spiralen (Abb. 5). Ein so begonnener Abwindeprozeß setzt sich bis zur Entzweiung der Spiralen fort. Nach dem WATSON-CRICKschen Mechanismus ist das zur Duplikation der DNS nötig.

Wir betrachten diesen Prozeß als den Prozeß der normalen Mitose. Wird aber irgendein Effekt die eine oder andere der zwei Bedingungen begünstigen, so wird die Mitose häufiger vorkommen. Unsere Meinung ist, daß im Anfangsstadium dieser Prozeß den wichtigen Anteil der Krebsbildung darstellt.

Um unsere Vorstellungen zu verifizieren, haben wir eine der Bedingungen künstlich erzeugt. Eine Gewebekultur, die mit einer krebsbildenden Substanz geimpft war (C_3H Maustumorgewebekultur), wurde in ein elektrostatisches Feld gelegt und eine ebenso geimpfte Kontrollkultur außerhalb des elektrostatischen Feldes

5 Biophysik

gehalten. Alle anderen Umstände waren bei den beiden Kulturen dieselben. Die vorläufigen Resultate sind, daß die im elektrostatischen Felde sich befindende Kultur häufigere Mitose zeigt als die Kontrollkultur.

Wird unsere Vorstellung endgültig nachgewiesen, so können wir uns den krebsbildenden Effekt der Strahlung auf folgende Weise vorstellen: Im Gleichgewicht befindet sich schon eine gewisse Anzahl von Elektronen im Leitungsband, und es existiert auch ein gewisses elektrisches Feld im Gewebe. Hierdurch wird das Ausmaß der natürlichen Mitose bestimmt. Die Absorption von Strahlung höherer Energie als 3,4 eV liefert weitere Elektronen in das Leitungsband, und in Verbindung damit Löcher (positiv geladen) in das oberste gefüllte Band. Mit dem anwesenden elektrischen Feld verursacht dies eine erhöhte Polarisation und damit eine häufigere Mitose, was den Anfang der Krebsbildung induzieren kann.

Den krebsbildenden Effekt von einigen Kohlenwasserstoffen kann man in ähnlicher Weise deuten. In diesem Falle wird nach MASON [4] ein Elektron dem Leitungsband übergeben, oder ein Elektron vom obersten vollen Band weggenommen und damit wieder eine erhöhte Polarisation erreicht. Außerdem kann in diesem Falle das elektrische Feld des eventuell dipolartigen krebsbildenden Kohlenwasserstoffes auch zum elektrischen Felde einen Beitrag bilden.

Eine ausführliche Darstellung dieser Vorstellungen wird im Cancer Research erscheinen.

Literatur

[1] WATSON, J. D. u. CRICK, F. H., Nature **171** (1953) 737 u. **171** (1953) 964; Proc. Roy. Soc. A **223** (1954) 80.
[2] PULLMANN, A. u. PULLMANN, B., Biochim. et Biophys. Acta **36** (1959) 343.
[3] EVANS, M. G. u. GERGELY, J., Biochim. et Biophys. Acta **3** (1949) 188.
[4] MASON, R., Nature **181** (1958) 820; Disc. Far. Soc. **27** (1960) 129.

Aus dem Institut für Medizin und Biologie der
Deutschen Akademie der Wissenschaften zu Berlin, Berlin-Buch
Arbeitsbereich Physik
(Bereichsdirektor: Prof. Dr. Dr. Fr. LANGE)

Elektronenresonanzuntersuchungen an Nukleinsäuren und Enzymen

H. G. THOM und CL. NICOLAU

Wir beschäftigen uns seit einiger Zeit mit der Untersuchung von Nukleinsäuren als wesentlichste Zellkomponenten hinsichtlich ihrer Eigenschaften als Träger der informativen und maßgeblichen Eigenschaften für eine Reihe von Wachstums-, Stoffwechsel- und Strahlenwirkungsprossen. Hierzu gehört ebenfalls ihre Wechselwirkung mit anderen Komponenten, Aminosäuren, Proteinen, Enzymen usw.

L. A. BLUMENFELD und A. E. KALMANSON [1] untersuchten synthetisierte (RNS)-Eiweißkomplexe und beobachteten eine Elektronenresonanzabsorption mit ca. 2000 Gauß Linienbreite.

Weitere Untersuchungen an einer Reihe allerdings bestrahlter Nukleinsäuren, Nukleoproteide und Nukleasen liegen insbesondere von W. GORDY und Mitarbeitern vor [2].

Die erhaltenen Ergebnisse, insbesondere von BLUMENFELD und KALMANSON sind in der Folgezeit mehrfach diskutiert worden, da die Herstellung und chemische Behandlung die Reproduzierbarkeit beeinflussen. Auch fehlt bisher das Spektrum der reinen, frisch hergestellten Nukleinsäure.

GORDY und Mitarbeiter stellten bei der Untersuchung bestrahlter Nukleinsäurebausteine, Uracyl, Cytosin, Adenin, Thymin, Thymidin u. a. fest, daß offenbar die resultierende Absorptionslinie der vollständigen Nukleinsäuren nicht ohne weiteres aus dem Spektrum ihrer Komponenten abgeleitet werden kann, sondern vermutlich das Ergebnis eines Energieleitungsprozesses ist, wobei die unpaarigen Elektronen im Ringsystem der Purinbasen und hier vermutlich an Stickstoff eingefangen werden.

L. A. BLUMENFELD und A. E. KALMANSON [1] sowie J. DUCHESNE und Mitarbeiter [3] waren ebenfalls der Auffassung, daß in den entstehenden Komplexverbindungen derartige metallähnliche Eigenschaften die Ursache für das Verhalten des Elektronenresonanz-Signals darstellen.

Wir haben nun auch das Spektrum der reinen DNS und RNS im unbestrahlten Zustand und die Wechselwirkung zwischen RNS und dem Enzym RNase untersucht.

Methodik

Benutzt wurde ein Superheterodynspektrometer mit einer Empfindlichkeit von $5 \cdot 10^{12}$ u.Sp./1 Gauß $H_{1/2}$ bei einer Frequenz $f = 9300$ MHz. Die Messung erfolgte in einem H_{102} = Rechteckresonator. Das Spektrum wurde automatisch mit einem Kompensationsschreiber registriert.

Die DNS-Proben waren frisches Kalbsthymus, nach der Dodezylsulfat-Methode hergestellt, sie waren hochpolymerisiert mit einem Reinheitsgrad entsprechend 7—9% Phosphatgehalt.

Die RNS waren aus Hefe mit nahezu gleich hohem Reinheitsgrad hergestellt.

Die Pankreas RNase war fast kristallin und enthielt geringe Mengen Ammonsulfat.

Sämtliche Proben wurden vor der Messung in einem Kühlgefäß bei 90 °K aufbewahrt. Anschließend wurden die Proben langsam auf Zimmertemperatur gebracht und in sehr dünnwandigen Glaskapillaren, $\varnothing = 5$ mm, gemessen.

Bestrahlte Proben wurden ebenfalls bei 90 °K in flüssiger Luft aufbewahrt. Die Bestrahlung erfolgte durch einen 800 kV Kaskaden-Linearbeschleuniger mit Elektronenstrahlen. Die applizierte Dosis betrug $6 \cdot 10^6$ r bei einer Bestrahlungsdauer von 20 Min.

Ergebnisse

In Abbildung 1 und 2 ist das Spektrum der unbestrahlten DNS und RNS angegeben. Es wurde in jedem Falle der 1. Differentialquotient des Spektrums registriert.

Das Spektrum der DNS (Abbildung 1) erstreckt sich über einen Magnetfeldbereich von 2400 Gauß mit einem $H_{1/2} = 800$ Gauß. Der g-Faktor $g = 2,00$ entspricht dem Wert für freie Elektronen.

Dieses Ergebnis deutet auf den Halbleitercharakter der DNS und auf das Nichtvorhandensein anorganischer Verunreinigungen hin. Die Zahl unpaariger Spins ist trotz der niedrigen Amplitude, wegen der großen Linienbreite, relativ hoch und beträgt ca. 10^{17} freie Elektronen/g. Die Linie verläuft symmetrisch.

In Abb. 2 ist das EPR-Signal der unbestrahlten RNS reproduziert.

Die Halbwertsbreite betrug etwa 2400 Gauß und der g-Faktor war gleich dem des freien Elektrons.

Bemerkenswert sind zwei Tatsachen:

1. Das Auftreten einer überlagerten schmalen Linie, deren g-Faktor $= 2,00$ ist. Vielleicht wäre es möglich, das Vorhandensein dieser Signale der sekundären oder tertiären Struktur der RNS zuzuschreiben.

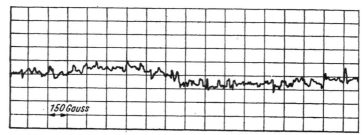

Abb. 1. Elektronenresonanzspektrum der unbestrahlten DNS, Linienbreite 2400 Gauß.

Elektronenresonanzuntersuchungen an Nukleinsäuren und Enzymen

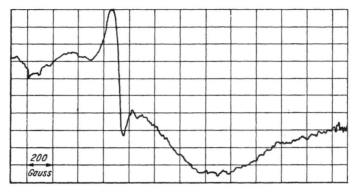

Abb. 2. Spektrum der unbestrahlten RNS, Linienbreite 2400 Gauß.

2. Das Signal der unbestrahlten RNS zeigt einen ziemlich ausgeprägten Antiferromagnetismus. Dieser Befund befindet sich im Einklang mit dem von L. A. BLUMENFELD [1] und Mitarbeiter (loc. cit.), die in ihren RNS(DNS)-Komplexen ähnliche Erscheinungen beobachteten.

Es scheint uns, daß dieser Antiferromagnetismus eine Rolle bei der Übergabe von Informationen spielen dürfte.

In der Tat fanden J. DUCHESNE und Mitarbeiter [3] in der DNS eine wesentliche elektronische Halbleitfähigkeit. Es wurde ebenfalls hochpolymerisierte DNS mit einem Reinheitsgrad von über 99% verwendet.

Die Energielücke betrug 1,8 eV. Für ein biologisches Produkt ist das ein niedriger Wert. Eingehende Untersuchungen von M. H. CARDEW und D. D. ELEY [4] ergaben für zahlreiche Proteine und Aminosäuren eine Energielücke von 3,0 eV.

Es ist daher wahrscheinlich, daß das EPR-Signal, das in der unbestrahlten DNS beobachtet wurde, von den Ladungsträgern, d. h. von den Leitfähigkeitselektronen, hervorgerufen wird.

Nach den Vorstellungen von J. D. WATSON und F. H. C. CRICK [5] hat das DNS-Molekül die Form einer Doppelspirale aus zwei Desoxypolynukleotidketten, deren Pyrimidin- und Purinbasen im Achsenbereich durch Wasserstoffbrücken verknüpft sind (Abb. 3).

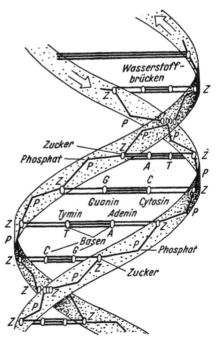

Abb. 3. Struktur des DNS-Moleküls (vgl. E. HARBERS [6]).

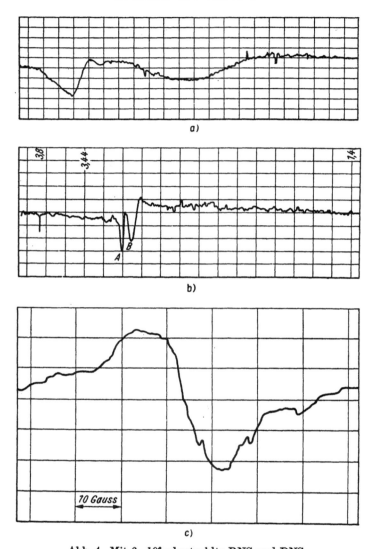

Abb. 4. Mit $6 \cdot 10^6$ r bestrahlte RNS und DNS.
a) RNS hochaufgelöst, Bereich des Spektrums zwischen A u. B in Abb. 4b.
b) RNS Linie 2400 Gauß. c) DNS Linie 70 Gauß.

Diese Struktur spricht für das Auftreten eines EPR-Signals, das durch Leitungselektronen hervorgerufen wird und dürfte auch für die Erklärung des Einfangprozesses der Elektronen im Ringsystem der Purinbasen bei bestrahlter DNS zuständig sein.

Nach der Bestrahlung mit etwa $8 \cdot 10^6$ r zeigte sich eine wesentliche Verringerung der Halbwertsbreite der Linie (Abb. 4a, b, c).

Im Gegensatz dazu zeigten die Leitfähigkeitsmessungen nach der Bestrahlung mit einer Dosis von 10^8 r keine Änderung des Wertes der Energielücke [3]. Die Messung des HALL-Effektes könnte vermutlich weitere Auskünfte in dieser Hinsicht vermitteln.

Es ist anzunehmen, daß durch die Bestrahlung die Dipol–Dipol Wechselwirkung bzw. die Spin–Gitter Wechselwirkung erhebliche Modifikationen erfährt, und daß hierauf die Abnahme der Linie zurückzuführen ist.

Das Auftreten einer breiten Linie im Spektrum der mit $6 \cdot 10^6$ r bestrahlten RNS dürfte auf das Vorhandensein von Metallverunreinigungen und die Bildung von Komplexen zurückzuführen sein.

Zur Untersuchung der Wechselwirkung zwischen Ribonukleinsäure und dem Enzym RNase wurde nach Lösung in einem Phosphatpuffer mit $p_H = 7,5$ ebenfalls das EPR-Spektrum gemessen.

Es ergab sich zunächst eine Abnahme der Intensität, die anschließend auch zu einer Abnahme der Linienbreite führte.

Die Intensitätsabnahme ist anfänglich auf den Einfluß der Pufferlösung zurückzuführen, da durch geringe Wassermengen der Gütefaktor des Meßresonators wesentlich geringer wird. Darüber hinaus ist ein geringerer Probenradius erforderlich, so daß hierdurch ebenfalls die Probenmenge und damit die Zahl unpaariger Elektronen abnimmt.

Im Laufe der Zeit zeigte sich jedoch ein weiterer Intensitätsabfall, der auf die Reaktion zwischen RNS und RNase zurückzuführen sein dürfte.

Die beobachtete Abnahme der Halbwertsbreite deutet darauf hin, daß im Laufe der Reaktion RNS→RNase intermediäre Radikalzustände auftreten, die ein EPR-Signal hervorrufen.

Da die RNase die RNS abbaut, kann man annehmen, daß ein EPR-Signal, das von den elektronischen Eigenschaften des gesamten RNS-Moleküls hervorgerufen wurde, nicht mehr zustande kommt.

Literatur

[1] BLUMENFELD, L. A. u. KALMANSON, A. E., Doklady Akad. Nauk UdSSR **124** (1959) 1144. Biofisika **4**, 3 (1959)
[2] SHIELDS, H. u. GORDY, W., Proc. Nat. Acad. Sc. **45** (1959) 269—281.
[3] DUCHESNE, J., DEPIREUX, J., BERTINCHAMPS, A., CORNET, N. u. VAN DER KAA, J. M., Nature **188** (1960) 405.
[4] CARDEW, M. H. u. ELEY, D. D., Farad. Soc. Discuss. **27** (1959) 115.
[5] WATSON, J. D., CRICK, F. H. C., Nature **171** (1953) 737.
[6] HARBERS, E., Strahlentherapie **112** (1960) 333—368.

Institut für Therapeutische Biochemie der Universität Frankfurt a. Main

Strahlenchemische Veränderung der Nukleinsäuren in vivo und vitro

A. WACKER, Frankfurt

Nach unserer heutigen Auffassung ist die Desoxyribonukleinsäure (DNS) und in besonderen Fällen auch die Ribonukleinsäure (RNS) der Träger der genetischen Information. Da die Strahleninaktivierung einer Zelle vornehmlich als Letalmutation gedeutet wird, muß die Strahlung direkt oder indirekt die DNS verändern, um wirksam zu sein. Um hierfür den Beweis zu bringen, bestrahlten wir Bakterien, deren DNS-Basenbausteine mit C^{14}- oder T-markiert waren, mit UV-Licht oder Röntgenstrahlen.

Bestrahlt man Bakterien mit physiologischen Dosen UV-Licht der Wellenlänge 254 mμ, so findet man in Abhängigkeit von der Überlebensrate der Bakterien nach Hydrolyse der mit Thymin-[2-C^{14}]-markierten DNS papierchromatographisch eine zweite radioaktive Substanz (T_B), die in den unbestrahlten Bakterien nicht vorhanden ist. Die Menge des durch UV gebildeten T_B hängt von der eingestrahlten Dosis ab und nähert sich einem Grenzwert, der anscheinend von Bakteriengattung zu Bakteriengattung verschieden ist. Bei einem Enterococcus werden maximal etwa 18% des vorhandenen Thymins in T_B umgewandelt, bei E. coli sind es etwa 9%. Die gleiche Menge T_B erhält man auch bei der Bestrahlung der aus den Bakterien isolierten DNS. Entfernt man aus dieser DNS durch Hydrolyse die Purine, so wird mehr Thymin in T_B umgewandelt (Anstieg von 18% auf 29%).

Kürzlich machten BEUKERS et al. für ein Thymin UV-Bestrahlungsprodukt, das sie aus Eis isolierten, einen Strukturvorschlag. Es handelt sich dabei um ein Dimerisierungsprodukt, welches dadurch zustande kommt, daß die Doppelbindung in 5,6-Stellung zweier Thyminmoleküle aufgerichtet wird und die beiden Moleküle unter Ausbildung eines Cyclobutan-Ringes dimerisieren. Dieses Produkt ist offenbar nach seinem *papierchromatographischen* Verhalten mit unserem T_B identisch.

Einen Beweis für die Dimerisierung des Thymins durch UV-Licht haben wir durch UV-Umwandlung einer Reihe von Modellsubstanzen zusätzlich erbracht. So erklärt sich auch, daß nicht das gesamte Thymin in der DNS in T_B umgewandelt wird, da nicht alle Thymin-Moleküle ein zweites Thymin-Molekül in unmittelbarer Nachbarschaft haben können und weiterhin, daß sich in der APS mehr Thymin zu TB umsetzt, weil dort durch Herausnahme der Purine mehr Thymin-Moleküle in Nachbarschaft zueinander stehen können. In einer wäßrigen Lösung von Thymin oder Thymindesoxyribosid oder Thymindesoxyribosid-5'-phosphat bildet sich die dimere Verbindung nur zu etwa 3%, dagegen in einer Lösung von Thymidylyl-3'-5')-thymidin zu etwa 34%. Ersetzt man in dem Dinukleotid ein Thymin durch Adenin oder vergrößert den Abstand der beiden Thymin-Moleküle durch eine Pyrophosphatbrücke, so sinkt die Ausbeute an Bestrahlungsprodukt auf 6%. Durch Verwendung von C^{14}-markiertem Thymin und Uracil konnte auch papierchromatographisch ein Misch-Dimeres aus Thymin und Uracil isoliert werden (Rf-Wert in Butanol/H_2O 0,08). Es wurde auch der Nachweis erbracht, daß sich durch die Ausbildung des Cyclobutanringes der Charakter der Carbonylgruppe in 4-Stellung des Thymins ändert und damit verbunden die Paarungstendenz zum Adenin bei der Verdopplung der DNS. — Untersucht man die Bildung des T_B in Abhängigkeit von der Wellenlänge des UV-Lichtes, so ergeben sich bestimmte Gesetzmäßigkeiten, die auch für die Rückverwandlung des T_B in wäßriger Lösung in Thymin gelten. Interessant ist in diesem Zusammenhang, daß die Inaktivierungsgeschwindigkeit von Viren bei der Wellenlänge von 265 mμ am größten ist, welches mit dem Absorptionsmaximum des Thymins, das ebenfalls bei 265 mμ liegt, übereinstimmt.

Der Einbau von Bromuracil an Stelle von Thymin in die DNS erfolgt nicht in einer statistischen Verteilung, da die Ausbeute an T_B durch den Einbau von BU stärker abnimmt als nach statistischen Überlegungen zu erwarten wäre. Die Bestrahlungsprodukte von Thymin und Thymidin sind für Mangelmutanten keine Wuchsstoffe mehr.

Das Bestrahlungsprodukt, das sich aus Cytosindesoxyribosid bildet, ist so instabil, daß es bisher aus der DNS noch nicht isoliert werden konnte. In 2 Stunden wird es bei Zimmertemperatur wieder vollständig in Cytosindesoxyribosid zurückverwandelt. Daß sich auch aus Cytosindesoxyribosid ein Bestrahlungsprodukt bilden muß, geht aus einer spektralen Verschiebung hervor, die nach der Bestrahlung einer solchen Lösung zu beobachten ist. Eine Veränderung der Purine durch physiologische Dosen von UV-Licht in der Größenordnung von 10^4 erg/mm^2 konnten wir bisher in der Bakterien-DNS nicht nachweisen. Aus Uridin bildet sich ebenfalls mit UV-Licht eine dimere Verbindung, die jedoch weit weniger stabil ist als die entsprechende Thyminverbindung.

Untersucht man die UV-bedingte Dimerisierung des Pyrimidin-Ringes in Abhängigkeit von den Substituenten, so zeigt sich, daß für die Bildungstendenz und Stabilität des Dimeren die folgende Grundstruktur Voraussetzung ist.

$$\begin{array}{c} O \\ \parallel \\ HN-C-CH \\ | \hspace{1.2cm} \parallel \\ O=C \hspace{0.4cm} CH \\ \diagdown N \diagup \\ H \end{array}$$

Aus den Ergebnissen an 19 verschiedenen substituierten [C^{14}- oder tritiummarkierten Verbindungen] ergab sich, daß Schwefel in 2-Stellung sowie COOH, —OH oder NO_2 in 5-Stellung für die Dimerisierung ungünstig sind.

Versuche mit T_2O ergaben keinen Hinweis auf eine Wasseranlagerung in 5,6-Stellung des Pyrimidin-Ringes unter der Einwirkung von UV. Aus früheren Ergebnissen, bei der Markierung des Pyrimidin-Ringes in 6-Stellung, ergeben sich im

Vergleich zu den jetzigen Versuchen bei der Dimerisierung interessante Parallelen. Thymin ist die mit Tritium-Gas oder Tritium-Wasser am besten zu markierende Pyrimidin-Verbindung.

Im Hinblick darauf, daß die Bildung des dimeren Thyminbestrahlungsproduktes durch UV-Strahlen die Nachbarschaft zweier Thyminmoleküle in der DNS zur Voraussetzung hat und begünstigt durch den Umstand, daß dieses Produkt chemisch stabil ist, ergibt sich hierdurch eine Möglichkeit, bestimmte Aussagen über die Sequenz der Basen in der DNS zu machen.

Unter der Einwirkung von Röntgenstrahlen sinken ebenfalls die Extinktionen von Thymin, Cytosin, Uracil, Guanin und Adenin ab, und zwar in Abhängigkeit von der eingestrahlten Dosis. Durch 200 kr werden die Pyrimidine zu etwa 20% verändert, Guanin zu 15% und Adenin zu etwa 5%. Bei der Bestrahlung von markiertem Thymin und Cytosin konnten wir u. a. markierten Harnstoff isolieren, dessen Menge von der eingestrahlten Dosis abhängt. Bei der Bestrahlung Thymin-[2-C^{14}]-markierter Bakterien gelang es uns ebenfalls, aus ihrer DNS nach der Bestrahlung radioaktiven Harnstoff papierchromatographisch nachzuweisen. Neben dieser direkten Wirkung der Röntgen-Strahlen auf die Basenbausteine gibt es aber noch eine indirekte. Wie schon lange bekannt, entstehen durch Röntgenstrahlen Wasserstoffperoxyd bzw. organische Peroxyde. Wir erhielten Ergebnisse, die als Beweis dafür anzusehen sind, daß über den Weg Röntgenstrahlen → Peroxyde → das Adenin der DNS in Adenin-N-Oxyd umgewandelt wird. Dieser unnatürliche Baustein der DNS wäre danach u. a. für die sekundäre Wirkung der Röntgenstrahlung verantwortlich.

Wir fanden, daß Bromuracil durch die Röntgenstrahlung doppelt so stark zersetzt wird wie Thymin. Unter der Einwirkung von UV-Licht scheint BU ebenfalls zerstört zu werden. Dies würde eine Erklärung für die größere Strahlenempfindlichkeit bromuracilhaltiger DNS darstellen. Es ist daran gedacht, auf der strahlensensibilisierenden Wirkung des BU, die Grundlage einer neuen Tumor-Therapie aufzubauen.

Physikalisch-Technisches Institut der Deutschen Akademie
der Wissenschaften zu Berlin

Über die bewuchshemmende Wirkung photochemisch aktiver Zinkoxyde in Unterwasserfarben

H. Rathsack, Berlin

Im Physikalisch-Technischen Institut der Akademie, besonders in der Außenstelle Hiddensee, beschäftigen wir uns seit einigen Jahren mit Problemen der Bewuchsverhinderung an Unterwasseranstrichen. Der Befall eines Schiffsbodens mit Algen und tierischen Besiedlern kann so beträchtlichen Umfang annehmen, daß seine Verhinderung eine technische Notwendigkeit geworden ist. Mit mehr oder weniger Erfolg vergiftet man deshalb den Schiffsbodenanstrich durch Zusatz sogenannter Antifoulings, in der Regel Cu- oder Hg-Verbindungen.

Nun sind Cu- und Hg-Verbindungen eine sehr kostspielige Angelegenheit und die Erfolge keineswegs befriedigend. Wir widmeten unsere Untersuchungen deshalb Verbindungen des Zinks, insbesondere dem Zinkoxyd. Zinkpigmente wurden bisher nie als Antifouling eingesetzt. Es gelang uns aber, ein Verfahren zu entwickeln, mit dessen Hilfe ZnO zu einem überraschend starken Antifouling wird. Sein Einfluß auf den Bewuchs läßt sich mit einer durch Licht ausgelösten Reaktion in Verbindung bringen. Über diesen Teil unserer Arbeiten soll hier berichtet werden.

Den photochemischen Effekt beobachteten wir zuerst, als wir eine Reihe von gleichartigen ZnO-Platten am Versuchsstand in der Ostsee waagerecht auslegten und nach einem halben Jahr einen Teil davon um 180° drehten. Kurz danach traten starke Schwärme von Algensporen auf. Die in unveränderter Lage verbliebenen Platten wurden besiedelt, die gewendeten dagegen blieben frei. Auf diesen Platten setzte die Giftabgabe erst ein, als ihre Zinkoxydseiten dem Licht zugekehrt wurden; die Zinkabgabe der anderen Platten war von Anfang an erfolgt und um diese Zeit schon erschöpft.

Diese lichtabhängige Reaktion wird noch deutlicher, wenn man mehrere ZnO-Platten in einem senkrechten Rahmen so anordnet, daß sie von der Wasseroberfläche bis hinab zu 2 Metern Wassertiefe reichen. Normalerweise nimmt der Bewuchs mit dem Licht von oben nach unten ab. In unserem Experiment jedoch nahm der Bewuchs von oben nach unten zu. Eine Messung der Zinkkonzentration an der Plattenoberfläche bestätigte diese Beobachtung. In 50 cm Tiefe fanden wir 120 γ Zn/dm², bei 1,50 m 60 γ Zn/dm² und in 2 m Tiefe waren es nur noch 10 γ. Löslichkeit des Pigments, Quellung des Farbfilms oder ähnliche Faktoren sind nicht von der Wassertiefe abhängig. Nur die auslösende Komponente, das Licht, wird durch die Filterwirkung des Wassers mit zunehmender Tiefe abgeschwächt. Seine Wirkung wurde auch in den vom Rahmen beschatteten Regionen der oberen

Platten aufgehoben; sie waren schwach besiedelt, während die übrige Fläche völlig frei blieb.

Nachdem dieser Zusammenhang zwischen Licht und Antifoulingwirkung festgestellt worden war, mußte noch die Möglichkeit ausgeschlossen werden, daß es sich lediglich um einen Helligkeitseffekt des Untergrundes handele. Bekanntlich werden helle Gegenstände weniger besiedelt als dunkle. Wir versahen Versuchsplatten mit einem ZnO-Anstrich und überzogen dann jeweilig die halbe Seite mit einem farblosen Lack. Schon nach einiger Zeit konnte man eine Differenzierung des Bewuchses beobachten. Die mit Lack überzogenen Hälften waren trotz gleicher Helligkeit besiedelt worden.

Im nächsten Schritt unserer Untersuchungen variierten wir nun die physikalischen Eigenschaften des eingesetzten Zinkoxyds, während alle anderen Bestandteile des Anstrichs unverändert blieben. Ein durch Verbrennung reinen Zinks dargestelltes Oxyd wurde, vor dem Einsatz als Pigment, 2 h bei 700° getempert, eine andere Probe aus der gleichen Charge die gleiche Zeit bei 1000°. Die Antifoulingwirkung fiel sehr unterschiedlich aus. Die 1000°-Probe war bewachsen, die 700°-Probe blieb frei. Entsprechend gab das 1000°-Oxyd auch weniger Zn ab als das bei 700° getemperte; in 50 cm Wassertiefe 90 γ bzw. 120 γ. Gleichzeitig beobachteten wir, daß sich an der Oberfläche der 700°-Probe lose Partikeln gebildet hatten, die sich leicht abwischen ließen. Diesen Vorgang nennt man Kreiden. Der 1000°-Anstrich dagegen war fest und kreidete nicht.

Ein unvollständiges Gitter aktiviert entgegen unseren anfänglichen Vermutungen die Antifoulingwirkung des ZnO nicht. Wir stellten für diese Versuchsreihe ZnO durch Erhitzen geeigneter Zinkverbindungen dar, wobei wir die Temperaturen so wählten, daß sie gerade für die Zersetzung der Ausgangssubstanz ausreichten, nicht aber für den Aufbau eines ZnO-Gitters. Ein bei 220° aus Karbonat hergestelltes Oxyd z. B. fiel wesentlich besser aus als ein aus gleicher Reaktion bei 650° gewonnenes Produkt, dessen Antifoulingwirkung kaum noch zu beobachten war; aber eine Verbesserung gegenüber dem reinen ZnO, gewonnen durch Zinkverbrennung, trat in der gesamten Versuchsreihe nicht auf, gleichgültig, ob wir vom Karbonat, Oxalat oder Hydroxyd ausgegangen waren.

Die Aussage, daß Gitterstörungen nachteilig wirken, konnten wir durch die Feststellung erweitern, daß das Gitter auch stöchiometrisch sein muß.

Erhitzt man nämlich ein reines ZnO 1 h bei 700° unter Wasserstoffstrom und vergleicht mit einem reinen Produkt, das bei der gleichen Temperatur, aber ohne Wasserstoff erhitzt wurde, so ist die Wirkung des Oxyds mit Zinküberschuß stets schwächer.

Nachdem unsere Freiwasserteste soweit gediehen waren, untersuchten wir die eingesetzten Oxyde im Labor auf ihre physikalischen und chemischen Eigenschaften. Dabei interessierte uns besonders die Lösung der Frage, warum das Tempern bei 700° und 1000° eine so unterschiedliche Antifoulingwirkung zur Folge hatte. Da eine gute Antifoulingwirkung stets mit einem schwachen Kreiden des Anstrichs verbunden war, lag die Vermutung nahe, daß die Reaktion mit einer Übertragung der eingestrahlten Lichtenergie auf das Bindemittel in Zusammenhang zu bringen war. Diese Erklärung bietet sich an, weil Zinkoxyd als klassisches Beispiel für einen Elektronenüberschußleiter bekannt ist.

Photochemische Reaktionen des Zinkoxyds gibt es mehrere. Wir benutzten die Tatsache, daß ZnO bei UV-Bestrahlung seiner wäßrigen Suspension H_2O_2 bildet, um die photochemische Aktivität unserer Pigmente zu bestimmen. Die photometrische Auswertung dieser Meßreihe ergab, daß die Oxyde mit größter Antifoulingwirkung auch am meisten H_2O_2 bildeten. Diese Meßmethode gestattete uns in der Folgezeit eine Voraussage darüber, ob das Pigment sich im Freiwasserversuch bewähren würde oder nicht. Es stand nun fest, daß antifoulingaktive Oxyde eingestrahlte Lichtenergie bevorzugt auf eine chemische Reaktion übertragen können. Die inaktiven Oxyde sind hierzu nicht in der Lage, sie müssen die absorbierte Energie auf andere Weise abgeben. Die Untersuchung der Fluoreszenz löste auch diese Frage. Unter einer Quecksilberdampflampe fluoresziert das 700°-Oxyd kaum, während das 1000°-Produkt ein außerordentlich intensives, gelbes Licht ausstrahlt. Die inaktiven Oxyde geben die eingestrahlte Energie wieder als Licht ab, sie können deshalb keine Reaktion einleiten, die zur Antifoulingwirkung führt.

Die Funkenspektren schließlich gaben uns Aufschluß, warum die durch Zersetzung anderer Zinkverbindungen hergestellten Oxyde in jedem Fall schlechter waren, als das aus Metallverbrennung stammende. Während in diesem nur geringe Spuren von Pb vorhanden waren, enthielten die aus Karbonat, Oxalat und Hydroxyd gewonnenen Oxyde Cr, Cu und Ni, also Elektronenakzeptoren.

Aus unseren Untersuchungen lassen sich einige Schlußfolgerungen ziehen:

Das Gitter eines antifoulingaktiven ZnO muß geordnet, frei von Fremdatomen und stöchiometrisch aufgebaut sein. Das Tempern des reinen ZnO bei 700° förderte deshalb die Antifoulingaktivität, weil ein Zinküberschuß, der stets in Oxyden vorhanden ist, wenn sie durch Zinkverbrennung gewonnen wurden, durch den Luftsauerstoff beseitigt wird. Erst durch das Tempern erhielten wir ein stöchiometrisches Oxyd.

Interessant ist in diesem Zusammenhang, daß nach Arbeiten von LEVERENZ ZnO zwei verschiedene Banden emittiert, ein Maximum bei 3850 Å, wenn es stöchiometrisch aufgebaut ist, und ein Maximum bei 5050 Å, wenn es einen Zinküberschuß enthält. Diese Beobachtung stimmt gut mit unseren Ergebnissen überein. Stöchiometrisches Oxyd emittiert energiereichere Quanten und kann deshalb auch eher Reaktionen einleiten, die eine höhere Aktivierungsenergie erfordern.

Im gerade abgelaufenen Versuchsjahr konnten wir deutlich herausstellen, daß Reinheitsgrad und Tempertemperatur zusammen die photochemische Aktivität und damit die Antifoulingwirkung eines ZnO bestimmen, jede Komponente für sich allein aber nicht ausreicht. Ein Anstrich mit einem Oxyd allerhöchster Reinheit, aber bei 1000° geglüht, wurde besiedelt (negative Wirkung durch Sinterung), ein bei 700° getempertes Oxyd blieb frei, das gleiche Oxyd vor dem Tempern bei 700° mit 2% Fe^{++} verunreinigt, wurde wieder besiedelt (negative Wirkung durch Gitterstörung).

Aus allen Ergebnissen leiten wir folgenden Reaktionsmechanismus für die Antifoulingwirkung ZnO-haltiger Unterwasseranstriche ab:

In der ersten Stufe fungiert ZnO als Energieübertrager, ohne selbst verändert zu werden. Es absorbiert den UV-Anteil des Sonnenlichtes, bevorzugt den um 3850 Å. Diese Energie von 3,1 eV reicht aus, Gitterelektronen anzuregen und auf das Leitungsband anzuheben. Das ZnO kann als n-Halbleiter die Energie der angeregten Elektronen auf verschiedenen Wegen abgeben:

1. In Abhängigkeit vom Gitteraufbau, insbesondere von Störstellen, gelangt das angeregte Elektron in ein Lumineszenzzentrum und gibt seine Energie als Licht ab. Man beobachtet Fluoreszenz. Diese Reaktion ist für ein Antifoulingpigment wirkungslos und unerwünscht.

2. Das Elektron wandert auf dem Leitungsband an die Korngrenze und überträgt die Energie auf das umhüllende Bindemittel. Dies scheint der bestimmende Prozeß zu sein. Ein regelmäßiges Gitter leitet die Elektronenenergie eher an die Kristallgrenze als ein solches mit Störstellen, in dem die Elektronen bereits im Kristallinnern abgefangen werden können. Der freie Durchgang durch die Korngrenze kann durch ungeeignete Oberflächen, wie sie bei Anwendung zu hoher Temperaturen durch Sintern entstehen, behindert werden.

Ist die Energie auf das Bindemittel übertragen, so wird dieses in einer dünnen Oberflächenschicht zersetzt, es kommt zu dem von uns auf aktiven Anstrichen beobachteten Kreiden. Außer von der übertragenen Energie hängt die Kreidungstendenz auch noch von der chemischen Konstitution des Bindemittels ab. Ein hochpolymerer Vinoflexlack wird weniger angegriffen als ein Mischpolymerisat geringeren Molekulargewichts. Wir versahen eine Platte mit geteiltem Anstrich: die eine Hälfte mit ZnO „aktiv" + Mischpolymerisat, die andere mit ZnO „aktiv" + Vinoflex. Trotz des gleichen Pigments war die Vinoflex-Hälfte im November bewachsen, die MPS-Hälfte dagegen blieb völlig frei. Ein handelsüblicher Werftanstrich war an der gleichen Stelle ebenso stark bewachsen wie der Vinoflexanstrich.

Durch das Kreiden wird das ZnO von seiner Bindemittelhülle befreit und kann nun, sekundär, wieder in den Antifoulingprozeß eingreifen. Es reagiert mit den Ionen des Meerwassers und bildet Zinkionen, die auf den Bewuchs vergiftend wirken, solange sie von der Anstrichoberfläche adsorbiert bleiben. Sobald sie in die turbulente Strömungszone gelangen, sind sie für die Antifoulingwirkung verloren. Ihre Reichweite ist deshalb auf eine dünne Schicht beschränkt. In einem Großversuch an einem Fahrgastschiff war der Anstrich zu schnell aufgebracht worden und beim Nachtrocknen der unteren Schichten gerissen. Diese Risse waren nur Millimeter breit, genügten aber, Algen die Besiedlung zu erlauben, während die intakten Flächen vollkommen frei blieben. Andere Großversuche laufen z. Z. an Frachtern der Ostasienlinie.

Aus dem Institut für Strahlenforschung der Humboldt-Universität Berlin

UV-Wirkung auf Pandorina morum in Abhängigkeit vom Entwicklungsalter[1]

G. Siegel, Berlin

An einem Vertreter der Volvocales, Pandorina morum, wurde der Einfluß des Entwicklungsalters der Kolonie auf ihre Strahlenempfindlichkeit gegenüber ultravioletter Strahlung untersucht.

Die Algen wurden so unter künstlicher Beleuchtung (300 W, 12stündiger Wechsel zwischen Hell- und Dunkelperiode) gezüchtet, daß zu jeder Zeit Kulturen

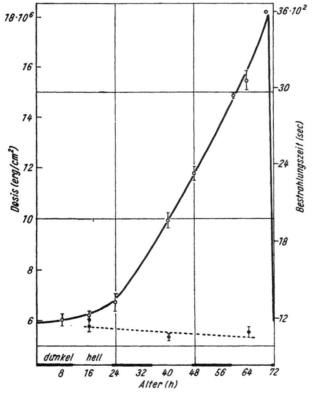

Abb. 1

---

[1] Ausführlicher Bericht folgt an anderer Stelle.

genau bestimmbaren Alters zur Verfügung standen. Als Bestrahlungsquelle für die Versuche diente ein Quecksilberhochdruckbrenner vom Typ PRK 2 (= S 450) des VEB Berliner Glühlampenwerk mit einem UG 11-Filter (2 mm) des VEB Jenaer Glaswerk Schott & Gen. Die Strahlungsintensität betrug am Ort der Versuchsprobe stets $\sim 0{,}3 \cdot 10^6$ erg/cm² min.

Es konnten vom Koloniealter abhängige und unabhängige Strahleneffekte beobachtet werden.

Die Letaldosis steigt mit dem Entwicklungsalter der Algen an und sinkt während des Teilungsgeschehens auf den Ausgangswert zurück (Abb. 1, ausgezogene Kurve). Vermutlich spielt für diese Erscheinung der eigentümliche Bau des Chloroplasten und seine Entwicklung eine dominierende Rolle. Der prinzipielle Schädigungsablauf der Lokomotion ist eine von der eingestrahlten Dosis abhängige und vom Entwicklungsalter der Kolonie unabhängige Reaktion. Die gestrichelte Kurve in der Abb. 1 zeigt den Schädigungsgrad „Rotation am Boden", d. h., die Algen können sich nicht mehr frei schwimmend bewegen, sondern rotieren nur noch am Boden.

Die unterschiedlichen Wirkungsmechanismen der Strahlenschädigungen und die vermutlichen Ursachen der Korrelation zwischen Entwicklungszustand der Zelle und ihrer Strahlensensibilität wurden diskutiert.

Institut für allgemeine Biologie der Medizinischen Fakultät der
J. E. Purkyně Universität, Brnb, ČSSR

Über die Beziehungen zwischen Colizinen und Coli-Bakteriophagen

J. Šmarda, Brno

Die Existenz der Colizine wies Gratia schon im Jahre 1925 nach. Als solche bezeichnete er Makromoleküle, die, produziert durch Bakterium Escherichia coli, Zellen anderer Stämme, aber eigener oder verwandter Arten, spezifisch töten. Sie haben also nichts gemeinsam mit der bekannten antagonistischen Wirkung der Bakterien der Gattung Escherichia gegen andere Gattungen.

Colizine zeigen eine Reihe auffallender Analogien mit den Coli-Bakteriophagen. Es ist nicht Aufgabe dieser Mitteilung, eine ausführliche Übersicht über unsere derzeitigen Kenntnisse von ihnen zu geben, es ist aber nötig, wenigstens das Wichtigste von ihnen zu erwähnen.

Ganz analog ist schon die Entstehung der Colizine und Bakteriophagen: Colizine entstehen als Produkte der sogenannten letalen Biosynthese einiger Zellen des E. coli, colizinogene Zellen genannt. Die Zellen, die Colizine bilden, gehen dabei ein, weil ihre Bildung aus dem Eiweißmaterial des eigenen Protoplasmas erfolgt. Diese Bildung ist sicher mit der Produktion der Phagen durch lysogene Zellen vollkommen analog.

Spontan niedrige Produktion der Colizine kann man künstlich durch viele physikalische und chemische Einwirkungen erhöhen; es sind dies die gleichen Einwirkungen, die auch die Produktion der Phagen in lysogenen Zellen erhöhen. In beiden Fällen sprechen wir über Induktion. Am häufigsten wird als Induktionsfaktor die kurzwellige Strahlung verwendet; von den chemischen Faktoren vor allem mutagene und kanzerogene Stoffe, weiterhin reduzierende Stoffe und vor allem anorganische und organische Peroxyde.

Sowohl lysogene als auch colizinogene Stämme sind immun gegen Phagen, respektive Colizine, die von ihnen produziert werden. In beiden Fällen sind die Produktion bakterizider Teile und die spezifische Immunität gegen sie fest genetisch verbunden. Dabei können die lysogenen Stämme aber voll empfindlich gegen andere Typen der Phagen (und Colizine) und die colizinogenen Stämme gegen andere Colizine (und Phagen) sein. Das Aufnahmevermögen für Colizine ist gegeben durch die Anwesenheit spezifischer Rezeptoren in der Zellmembran empfindlicher Bakterien. Es ist nachgewiesen, daß bestimmte Colizine gemeinsame Rezeptoren mit bestimmten Phagen haben.

Lysogenie und Colizinogenie sind sehr beständige Eigenschaften: die Stämme erhalten sie über ganze Jahrzehnte hinaus. Ähnlich wie die lysogenen Stämme häufig mehrere Typen von Phagen produzieren, so produzieren auch viele colizinogene Stämme, soweit bekannt, 2—3 Typen von Colizinen.

Die Colizine selbst unterscheiden sich wechselseitig durch das Stammspektrum der Wirksamkeit, die Diffusionsfähigkeit, die Widerstandsfähigkeit gegen physikalische und chemische Einflüsse, die elektrophoretische Beweglichkeit, die antigenen Eigenschaften, die Morphologie der Inhibitionszonen auf Agar und die Spezifität der resistenten Mutanten der Bakterien. In allen Fällen aber geht es über Makromoleküle der Proteine zu Polypeptiden.

Wichtig ist, daß zur Abtötung eines empfindlichen Bakteriums die Adsorption eines Makromoleküls genügt. Das zeigt eindeutig die mathematische Analyse der bakteriziden Wirkung der Colizine. Der Anteil der überlebenden Zellen ist bei entsprechendem Titerverhältnis direkt abhängig von der Zahl der Zellen in der Kultur, zu der die Colizine gegeben wurden, und die Kurve der überlebenden Bakterien in Abhängigkeit von der Zeit hat, wenigstens in ihrem ersten Teil, exponentiellen Charakter. Auf der anderen Seite ist die Anzahl der abgetöteten Bakterien in weitem Maße der Verdünnung der Colizine nicht direkt proportional. Was die Wirkung anbelangt, haben also die Colizine (als auch die Phagen) partikularen Charakter.

Alles, was ich bisher ausführte, stellt offensichtlich die ausgedehnte Analogie zwischen Colizinen und Bakteriophagen und ihrer Produktion dar. Auf der anderen Seite unterscheiden sich Colizine von Phagen wesentlich dadurch voneinander, daß sie keine Desoxyribonukleinsäure beinhalten und demzufolge keine genetische Information übertragen können. Das bedeutet einmal, daß sie sich in angegriffenen empfindlichen Bakterien nicht reproduzieren können, zum anderen, daß sie nicht fähig sind, vererbbare Eigenschaften den Bakterien zu transduzieren.

Die Synthese der Colizine ist offensichtlich eine spezifische, genetisch determinierte Abweichung der normalen Proteinsynthese in den Bakterienzellen. Inwieweit diese Abweichung mit derjenigen zusammenhängt, bei der die Phagenproteine in lysogenen Zellen entstehen, ist bisher nicht definitiv gelöst. Natürlich ist hier die Auffassung naheliegend, daß die Colizine „defektive Phagenproteine" sind, daß die Colizinogenie nur eine bestimmte „Stufe" der Lysogenie ist etc... Auf der anderen Seite fehlen auch die Stimmen nicht, die sagen, daß die Colizine eine Einheit sui generis sind, die völlig unabhängig von den Bakteriophagen ist.

In unserem Institut bemühen wir uns seit 1958 zur Erforschung dieser Frage beizutragen. Unsere ersten Versuchsergebnisse wurden publiziert in Folia biologica (Praha) und in dem Journal of Hygiene, Epidemiology, Microbiology and Immunology. Der weitere Teil meiner Ausführung soll einige unserer neueren Ergebnisse berühren.

Wir folgten dem Vorkommen der Colizinogenie und Lysogenie unter den menschlichen Stämmen des E. coli. Es interessierte uns hauptsächlich, wie oft wir diese beiden Eigenschaften bei einem Stamm gemeinsam nachweisen konnten.

Mit der Frage der Frequenz der Lysogenie oder Colizinogenie unter den menschlichen Stämmen des E. coli beschäftigte sich schon vor uns die Gruppe GRATIA und FREDERICQ, die feststellte, daß 26% lysogen und fast 100% colizinogen sind; HÖSEL fand, daß 47% der Stämme colizinogen sind.

Wir testeten auf diese Eigenschaften 11 zufällig gewählte menschliche Stämme des E. coli, und zwar auf 200 Indikatorstämmen für Colizinogenie und auf 300 Indikatorstämmen für Lysogenie. In diesen Versuchen wiesen wir bei 55% der Stämme Lysogenie nach; gegen die nachgewiesenen Phagen waren nur 4% der Indikatorstämme empfindlich. Colizinogenie wiesen wir bei 82% der Stämme nach; dabei waren 64% der Stämme auf die festgestellten Colizine empfindlich.

Für das wichtigste Ergebnis unserer Versuche halten wir die Feststellung, daß sich bei mindestens 50% der menschlichen E. coli-Stämme sowohl Lysogenie als auch Colizinogenie nachweisen ließen. Ungefähr 30% der Stämme waren in unseren Versuchen nur colizinogen, ungefähr 10% nur lysogen und nur 10% weder lysogen noch colizinogen. Ohne daß wir uns jetzt auf die absolute Höhe der zitierten Zahlen verlassen möchten, läßt sich als gewiß feststellen, daß Lysogenie und Colizinogenie sehr häufige Eigenschaften unter den Stämmen der E. coli sind, und daß sie sich mindestens in der Hälfte der Stämme gemeinsam finden.

Weil die Wirkung der Phagen und Colizine, wie schon gesagt, stammspezifisch ist, und weil wir immer mit einer beschränkten Anzahl von Indikatorstämmen arbeiten, ist die Anwesenheit eines empfindlichen Stammes unter ihnen unserer Meinung nach mehr oder weniger Zufall. Von diesem Standpunkt aus läßt sich nichts gegen die Ansicht einwenden, daß es möglich ist, daß alle lysogen sind. Dasselbe gilt auch für die Colizinogenie, nur mit dem Unterschied, daß die Stammspezifität der Colizine niedriger ist, und für sie das Finden eines empfindlichen Stammes also leichter ist als im Falle der Phagen.

Eine weitere Serie von Versuchen, über die ich sprechen möchte, betrifft den zeitlichen Verlauf der Phagen- und Colizinproduktion durch zwei, gleichzeitig lysogene und colizinogene Stämme des E. coli nach Einwirkung von UV-Strahlen. (Hier mußten wir an die Versuche von HAMON, LEWE und FREDERICQ anknüpfen.) Beide bei uns benutzten Stämme produzierten Phagen als auch Colizine, aber in einem verschiedenen Verhältnis. Als Quelle der UV-Strahlung diente eine keimtötende Entladungsröhre Philips TUV 15 W, die 87% der Energie mit der Wellenlänge 2537 Å ausstrahlte. Die Intensität der Strahlung, der die Kulturen in einer Fleisch-Pepton-Bouillon ausgesetzt waren, betrug 13,3 erg $\cdot$ mm^{-2} $\cdot$ sec^{-1}. Die Höhe des Bakterienbodens betrug ca. 1,5 mm.

Bei einem der Stämme (Stamm 18) erreichten wir eine Erhöhung des Phagentiters um den Faktor 92 und eine Erhöhung des Titers der Colizine um den Faktor 40 gegenüber der unbestrahlten Kontrolle; bei dem zweiten Stamm (L II-18) war der Titer der Phagen maximal um den Faktor 161, der Titer der Colizine um den Faktor 20 erhöht.

Wichtig ist, daß die Produktion der Phagen und Colizine in beiden Stämmen eine unterschiedliche Latenzzeit hat: der freie Phage erscheint in der Kultur immer schon 90—120 Minuten nach der Bestrahlung, und im Verlauf der weiteren Inkubation sinkt sein Titer im Verhältnis zur gleich alten Kontrolle. (Wahrscheinlich wirkt seine Adsorption auf die Zellen und den Detritus.)

Colizine, deren Synthese gleichzeitig induziert wurde, lösen sich frühestens $5^1/_2$—6 Stunden nach der Bestrahlung im Medium. Im Verlaufe dieses Intervalls

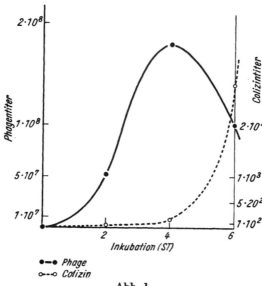

Abb. 1

erreicht das Sinken des Titers der Phagen bei Stamm 18 praktisch den Wert der unbestrahlten Kontrolle.

Auf der Abb. 1 sind z. B. Ergebnisse des Versuches dargestellt, in dem die 8stündliche Kultur des Stammes L II-18 induziert wurde. In diesem Falle verlief die Adsorption der freien Phagen langsamer, der gesamte Verlauf aber zeigte wieder die unterschiedlichen Latenzzeiten in der Produktion der Phagen und Colizine. Ähnliche Ergebnisse erhielten wir auch nach Bestrahlung 3-stündlicher Kulturen.

Der Unterschied in der Latenzzeit der Produktion von Phagen und Colizinen durch induzierte Zellen zeigt unzweifelhaft, daß die Phagen in der Kultur andere Zellen produzieren als die Colizine. Schwerlich läßt sich dieser Unterschied so erklären, daß die Synthese des Colizins länger dauert als die des Phagen, da der Phage ein bedeutend größeres und komplizierteres Makromolekül ist. Es bleibt nur die Interpretation übrig, daß das Herausdringen des Colizins aus der Zelle in die Umgebung länger dauert, und daß sich deshalb das Colizin, im Gegensatz zum Phagen, nicht durch Lyse der Zelle befreit. Dieses Ergebnis berechtigt zur Vermutung, daß das Colizin aus den Zellen durch die unverletzte Zellwand befreit worden ist. KELLENBERGER, der feststellte, daß von den colizinogenen Stämmen nach der Bestrahlung nur die lysieren, die gleichzeitig lysogen sind, spricht über die Sekretion des Colizins.

Wir vermuten, daß die aufgeführten Ergebnisse vielmehr für die Auffassung sprechen, daß Lysogenie und Colizinogenie — trotz ihrer verblüffenden Analogie — selbständige Eigenschaften sind, das heißt, beide haben ihre eigene Erbgrundlage.

Zur Bekräftigung dieser Auffassung möchte auch die letzte Serie der Versuche beitragen, die ich erwähnen will: Versuche über Transduktion der Colizinogenie durch Phagen. Für den Fall, daß das Colizin ein bestimmtes „defektives Phageneiweiß" sein würde, wäre es nötig vorauszusetzen, daß der Phage — produziert durch den lysogenen und gleichzeitig auch colizinogenen Stamm — bei der Lysogenisation gleichzeitig mit der genetischen Information für Lysogenie auch die Information für Colizinogenie überträgt.

Einige Versuche in dieser Richtung führte schon FREDERICQ durch, der feststellte, daß die Phagen die Colizinogenie nicht transduzieren. Unsere zwei Versuchsserien haben dieses Ergebnis voll bestätigt. Aus Kulturen zweier Stämme, die gleichzeitig lysogen und colizinogen waren, isolierten wir zwei temperierte Phagen. Mit diesen gelang es, zwei nichtcolizinogene Stämme zu lysogenisieren, die gegen diese Phagen empfindlich waren. Keiner dieser getesteten lysogenisierten Klone wurde gleichzeitig colizinogen.

Auch diese Versuche zeugen also für die Selbständigkeit der genetischen Grundlage der Lysogenie und Colizinogenie, auch wenn man einen enger phylogenetischen Zusammenhang nicht für unmöglich erklären kann.

Soviel über unsere bisherigen Ergebnisse. Warum sich aber bei Stämmen, die colizinogen und lysogen sind, nach Induktion beider Eigenschaften in einer Zelle immer nur eine äußert, wodurch diese Eigenschaft bestimmt wird und worin eigentlich der Grund der besonderen biologischen Beziehungen zwischen der Bakterienzelle auf der einen und dem Phagen und Colizin auf der anderen Seite liegt, bleibt unterdessen als Frage noch offen.

Aus dem Institut für Virologie der Humboldt-Universität Berlin

Beobachtungen über den burst size der T-Phagen

H. A. Rosenthal, Berlin

In den letzten 10 Jahren wird in verschiedenen Laboratorien, entsprechend dem Vorschlag von Fredericq [1], Chloroform zur Entkeimung von Phagenlysaten und zur keimfreien Aufbewahrung von Phagensuspensionen bei verschiedenen T-Phagen mit Erfolg benutzt. Es ist bekannt, daß die keimfreie Filtration von Virussuspensionen mit einem gewissen adsorptiven Titerverlust einhergeht, der z. B. bei einigen T-Phagen zuweilen bis zu 90% des ursprünglichen Titers betragen kann. Die Entkeimung mittels Chloroform vermeidet einen solchen Verlust vollständig und kann überall dort, wo das Chloroform keine phageninaktivierende Wirkung zeigt, eingesetzt werden. Die Angaben von Fredericq [1] bezüglich der Unschädlichkeit des Chloroforms auf T-Phagen können wir bestätigen. Es fiel uns aber auf, daß der Titer eines frischen Massenlysats von $T\,2$ nach der Chloroformzugabe, kurzem Schütteln und anschließender Inkubation für 15 min bei 37°C etwa doppelt so hoch war wie in der Kontrolle. Sagik [2] beberichtete über eine reversible Hemmung von $T\,2$ in frischen Massenlysaten. Er konnte zeigen, daß infolge der im Massenlysat gegebenen hohen Konzentration von Phagen und Zellantigen (Cann and Clark [3]) eine reversible Bindung zwischen den Reaktionspartnern auftritt, die spontan im Laufe von mehreren Wochen oder experimentell auf verschiedenen Wegen, z. B. mittels Verdünnung 1:50 in Aqua dest. wieder rückgängig gemacht wird. Derartige Erscheinungen waren in verdünnten Lysaten, d. h. bei einer Lyse von z. B. 10^4 infizierten Zellen pro ml, nicht mehr zu verzeichnen, und sie zeigten sich auch nicht in Massenlysaten von $T\,4$ und $T\,6$. Die Versuche von Sagik [2] bewiesen eindeutig, daß die von ihm beschriebene reversible Inhibierung der $T\,2$-Partikel nach der Lyse erfolgt. Die von ihm verwendeten Methoden der Aktivierung ergaben einen Titeranstieg, dessen Faktor zwischen 20 und 100 lag. Es war für uns interessant festzustellen, ob die von uns beobachtete Chloroformaktivierung von $T\,2$-Massenlysaten, deren Faktor bei 2 lag, mit dem Sagik-Effekt identisch ist. Zu diesem Zweck ließen wir die Lyse von $T\,2$-infizierten Coli B-Zellen in extremen Verdünnungen eintreten, d. h., wir separierten einzelne Zellen entsprechend dem single-burst-Experiment voneinander und konnten so die unmittelbare Phagenausbeute einzelner Zellen messen. Dabei zeigte sich, daß eine Chloroformzugabe nach der Lyse genau wie im Massenlysat einen Titeranstieg zur Folge hatte, dessen Faktor ebenfalls 2 betrug. Infolge der äußerst niedrigen Konzentration an Zellbruchstücken bzw. -antigen und Phagen (in 1 ml Medium befanden sich die Trümmer und Antigene einer Zelle und etwa 10 bis 500 Phagen) schied eine Inaktivierung der Phagen nach der Lyse aus, es mußte sich also im Falle der durch Chloroform zu erzielenden Aktivierung um einen Vorgang handeln, der eine reversible, vor der Lyse oder im Prozeß der Lyse erfolgte Inaktivierung rückgängig machte. Dieser Befund sprach klar dafür, daß die von SAGIK [2] beschriebenen Phänomene mit unseren nicht identisch waren. Wir konnten außerdem den nach SAGIK zu erreichenden Titeranstieg eines Massenlysats durch Verdünnung 1:50 in Aqua dest. auch dann noch hervorrufen, wenn wir zuvor das Massenlysat mittels Chloroform im Titer um das Doppelte gesteigert hatten. Schließlich untersuchten wir auch noch andere T-Phagen hinsichtlich ihrer Titer in Massen- und Einzelzelllysaten vor und nach Zugabe von Chloroform und konnten feststellen, daß sich T 6 und T 4 ähnlich wie T 2 verhielten, daß aber die beiden ungeradzahligen Phagen T 1 und T 5 in ihren Massenlysaten keinen Titeranstieg aufwiesen, wenn man Chloroform zugab. Die geradzahligen T-Phagen, die vor allem im gemeinsamen Besitz von 5-Hydroxy-Methylcytosin anstelle von Cytosin als einer DNS-Base übereinstimmen, die ferner serologisch nahe verwandt und morphologisch und physiologisch sehr ähnlich sind, stellen auch bezüglich ihrer im Innern der Wirtszelle erfolgenden teilweisen und reversiblen Inaktivierung eine einheitliche Gruppe dar. Wir können z. Z. noch nichts über den Zeitpunkt der Inaktivierung aussagen. Von allgemeiner Bedeutung scheint uns zu sein, daß bei der Bestimmung des burst size der geradzahligen Phagen der T-Serie das Vorliegen eines Teils der Ausbeute im inaktiven Zustand berücksichtigt werden muß.

Literatur

[1] FREDERICQ, P., Technique simple et rapide de culture et de conservation des entérobactériophages. C. R. Soc. Biol. **144** (1950) 295.

[2] SAGIK, B. P., A specific reversible inhibition of bacteriophage T 2. J. Bact. **68** (1954) 430.

[3] CANN, J. R. and CLARK, E. W., On the kinetics of neutralization of bacteriophage T 2 by specific antiserum. J. Immunol. **72** (1954) 463.

Institut für medizinische Physik der Palacký Universität Olomouc
und Onkologisches Institut, Prag

Dosisabhängigkeit röntgeninduzierter Neoplasmen in Ratten

B. Schober, Olomouc und K. Gross, Prag

Einleitung

Die Frage nach dem Zusammenhang zwischen der Dosis der ionisierenden Strahlen und der Anzahl der Neoplasmen hat große praktische Bedeutung. Besonders wichtig erscheint das heute rege diskutierte Problem, ob die Induktion von Neoplasmen eine Schwellenwertreaktion ist oder aber, ob sie an keine Mindestdosis gebunden ist.

M. Finkel und A. M. Brues sind der Auffassung, daß eine nichtlineare Strahlungsdosisabhängigkeit für die Existenz einer Schwellenwertdosis spricht. Unserer Ansicht nach hängt die Frage, ob die Tumorinduktion eine Schwellenwertreaktion ist, vom Ursprungsort der Kurve an der X-Achse, jedoch nicht von der Art der Abhängigkeit zwischen Dosis und Anzahl der induzierten Neoplasmen (also von der Kurvenart), ab. Die Klärung dieses Problems bedarf noch zahlreicher Versuche, die mit geringsten Dosen durchgeführt werden müßten.

Methodik

Unsere eigenen Versuche, die in den Jahren 1954—1957, und zwar mit Dosen von 364—745 r in Luft (einmalige Ganzkörperbestrahlung) durchgeführt wurden, zeigen im untersuchten Dosisintervall eine nichtlineare Abhängigkeit.

Es wurden mehr als 1100 Tiere mit Röntgenstrahlen behandelt (180 kV; 12 mA; Halbwertschicht von 0,5 mm bis 1,15 mm Cu; Dosisleistung von 37 bis 144 r/min); 141 nichtbestrahlte Tiere dienten als Kontrolle. Der Hauptzweck unserer Versuche war akuter Natur und über die Ergebnisse wurde schon an anderer Stelle berichtet [1]. Tiere, welche den akuten Versuch überlebten, wurden bis zu ihrem natürlichen Tode weiterbeobachtet und auf etwaige Neoplasmen untersucht. Alle Tiere dieser Versuche sind inzwischen verstorben. Da die Entwicklungsdauer von Neoplasmen Zeit beansprucht, wurden nur solche Tiere in Erwägung gezogen, die mindestens hundert Tage die Bestrahlung überlebten.[1])

Falls sich Neoplasmen nachweisen ließen, wurden sie, ebenso wie auch das andere Gewebe, histologisch untersucht. Alle Neoplasmen wurden histologisch diagnostiziert. Die beobachteten Typen sind aus der Tabelle 1 zu ersehen.

In die zwei hier gezeigten Zusammenstellungen sind die von uns beobachteten 4 Leukämiefälle nicht aufgenommen worden.

---

[1]) Wir möchten hervorheben, daß manche unserer unbestrahlten Kontrollen sowie manche der bestrahlten Tiere mit verschiedenen Mitteln vorbehandelt oder auch nachbehandelt wurden.

Tabelle 1

Organ	Art der Neoplasmen und des Ursprungsgewebes					
	Mesenchym		Epithel		Unentscheidbar	
	gutartig	bösartig	gutartig	bösartig	gutartig	bösartig
Haut	12	4	—	3		
Brustdrüse	—	—	6	1		
Darm	1	3	—	—		
Magen	—	—	3	1		3
Leber	—	2	—	1		
Speicheldrüse	—	—	—	1		
Lungen	—	1	—	—		
Nieren	1	—	—	—		
Summe	14	10	9	7		3
Endsumme						43

Dr. GROSS stellte in allen bestrahlten Ratten, die Tumorträger waren, typische, bisher nicht beschriebene Milzveränderungen fest.

Ergebnisse

Die Ergebnisse unserer Beobachtungen faßt die Tabelle 2 zusammen.

In den unbestrahlten Tieren wurden 5 Neoplasmen, das sind 4%, beobachtet, was mit den von anderen Autoren an Wistar-Ratten gemachten Beobachtungen gut übereinstimmt.

In den bestrahlten Tieren wurden insgesamt 38 Neoplasmen, das sind 10% beobachtet. Der Unterschied zwischen beiden Gruppen ist statistisch nicht signifikant (P ist größer als 0,2).

Die Tabelle 2 zeigt auch die Anzahl der Tumoren in Abhängigkeit von der Röntgenstrahlendosis. Wird die Anzahl prozentual ausgedrückt, so treten zwar gewisse Schwankungen auf, ein gewisser Trend kann jedoch nicht übersehen werden. Nach anfänglichem Ansteigen kommt es in der Nähe der LD_{50} zum Abfall auf die Werte der Kontrolltiere und dann zum neuerlichen Anstieg. Aus der Tabelle 2 ist weiterhin ersichtlich, daß es möglich ist, gewisse Dosisgruppen zu vereinigen.

Der Unterschied in der Anzahl der Neoplasmen in den so vereinigten Gruppen wurde mit dem Chi-Quadrat-Test geprüft. Es zeigte sich, daß dieser Unterschied zwischen den Gruppen A und D einerseits und der Kontrollgruppe K beziehungsweise der Gruppe C (das ist die Gruppe mit etwa LD_{50}) andererseits statistisch signifikant ist.

Diskussion

Diese Ergebnisse, die in einer vorläufigen Mitteilung im September 1959 auf der Onkologischen Tagung in Mariánské Lázně (Marienbad) zur Sprache gebracht wurden, wirkten überraschend. Ein genaueres Studium der Literatur zeigte aber,

Tabelle 2

I	II	III	IV	V	VI	VII	VIII	IX
Röntgen-strahlendosis (r in Luft)	Versuchs-jahr	Anzahl der Ratten	Effektive Anzahl nach 100 Tagen	Anzahl der Neoplasmen	Neoplasmen in %	Bezeichnung der vereinig-ten Gruppen	% der Neo-plasmen der vereinigten Gruppen	Wahrschein-lichkeit des Chi Quadrats
0	1954	141	94	5	4	K	5	
	1955							
	1956							
	1957							
364	1956	10	1	0	0	A	17	K:A < 0,025
380	1954	149	66	11	17			C:A > 0,001
400	1954	79	11	2	18			
425	1955	78	37	2	5	B	7	
450	1954	98	12	1	8			
500	1954	133	39	3	8			
550	1954	140	13	0	0			
565	1955	208	114	4	4	C	3	K:D < 0,05
635	1956	168	71	10	14	D	16	C:D > 0,001
710	1955	26	7	1	14			
735	1957	60	2	2	100			
745	1956	20	16	2	13			
Summe der Ver-suchsgruppen		1169	389	38	10			

daß einige Autoren ähnliche Ergebnisse erzielt haben, freilich ohne darauf besonders hinzuweisen.

Wir führen nur das Nachstehende an:

Die Tabelle 2 der von LINDOP und ROTBLAT veröffentlichten Arbeit [2], in welcher Mäuse mit Röntgenstrahlen eines 15 MeV Linearbeschleunigers bestrahlt wurden, zeigt dieselbe Abhängigkeit.

BOND und Mitarbeiter haben in ihrer Arbeit [3] dieselbe Abhängigkeit bei Mammaneoplasmen beschrieben.[1]) Eine nichtlineare Dosisabhängigkeit in der Nähe der LD_{50} scheint folglich real zu sein.

Die Ursache bleibt jedoch ungeklärt. Man könnte annehmen, daß eine geringere Anzahl von Neoplasmen deshalb induziert wird, weil weniger Tiere als in den anderen bestrahlten Gruppen die Bestrahlung lange genug überleben. In der bereits zitierten Arbeit von FURTH und Mitarbeitern wurde aber eine von KIMBALL eingeführte statistische Korrektion benutzt, die auf diese Einwendung Rücksicht nimmt. Die korrigierten Zahlen heben jedoch den Unterschied zwischen den Gruppen, die mit der LD_{50} bestrahlt wurden und den Gruppen mit kleinerer und höherer Dosis, noch mehr hervor.

Diese Erklärung ist also nicht stichhaltig.

Es ist nicht schwierig, Hypothesen aufzustellen, die diese Beobachtungen erklären könnten. Doch glauben wir, daß wir an Hand von größeren Mengen Versuchsmaterial und durch zu diesem Zweck speziell geplante Versuche die Frage werden endgültig klären können.

Literatur

[1] SCHOBER, B., Acta Univ. Palackianae 16 (1958) 184.
[2] LINDOP u. ROTBLAT, Progress Nucl. Energy, Biol. Ser. 2 (1959) 58.
[3] BOND u. a., Rad. Res. 12 (1960) 276.

---

[1]) Auch FURTH und Mitarbeiter beschreiben (Rad. Res. Suppl. 1 (1959) 243) dieselbe Abhängigkeit bei manchen der von ihnen beobachteten Neoplasmaarten.

Biophysikalisches Institut der Medizinischen Fakultät
der Karls-Universität Prag

Blutserumdichteveränderungen nach Ganzkörperbestrahlung

Z. Dienstbier und M. Raković, Prag

Es ist bekannt, daß ionisierende Strahlung die Veränderungen der physikalisch-chemischen Eigenschaften im lebenden Organismus zur Folge hat [1, 2]. Wir denken, daß diese Veränderungen eine wichtige Rolle in der Entwicklung eines Postradiationssyndroms spielen. Wir untersuchten die Änderungen der Blutserumdichte nach der Bestrahlung, da diese Frage in der Literatur bisher sehr wenig erörtert wurde.

Das Serum erhielten wir durch Dekapitierung von Ratten und durch sofortiges Zentrifugieren des erhaltenen Blutes. Die Serumdichte wurde folgendermaßen bestimmt: man hat mit einer Mikrobürette mit Mikrometerschraube das Volumen von 0,25 ml aufgenommen und dann diese Menge auf der Analysenwaage abgewogen. Die Mikrobürette wurde auf 20° C temperiert. Das aus der Bürette ausgedrückte Serum wurde mit Aqua bidest. als Standard verglichen.

Die Tiere wurden mit dem Röntgentherapiegerät Meta-Vinopal mit 200 kV, 10 mA bestrahlt. Der Bestrahlungsabstand zur Tieroberfläche betrug 75 cm. Die Strahlung wurde mit 4 mm Al gefiltert. Die Dosisleistung betrug 13,5 r/min. Die Ratten befanden sich während der Bestrahlung in Einzelboxen, die auf einer sich gleichmäßig drehenden Scheibe konzentrisch angeordnet waren.

Außer einer Kontrollgruppe wurde einer weiteren mit Hilfe eines erhitzten Bleches von 2×2 cm Größe jeweils durch Rückenberührung für 15 sec. eine Verbrennung beigebracht.

Die Tiere wurden mit Standarddiät gefüttert.

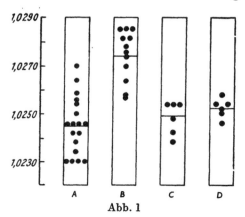

Abb. 1

Die Resultate zeigen die Abbildungen. Säule A in Abb. 1 zeigt die Messungen an den Kontrolltieren; Säule B nach einer Bestrahlung mit 600 r. Die Ratten wurden 6 Stunden nach der Bestrahlung getötet.

Säule C zeigt die nach oben beschriebener Methode verletzten Ratten, die 6 Stunden nach der Verbrennung getötet wurden.

In der Säule D sind die Resultate für Ratten eingetragen, die 48 Stunden vor der Dekapitierung ohne Wasser gehalten worden waren.

Bei diesen Experimenten haben wir das Blutserum vor der Bestimmung seiner Dichte 24 Stunden bei 4° C aufbewahrt. Durch Änderung von Zeit und Temperatur haben wir die beste Inkubationszeit festgestellt. Es wurde erkannt, daß bei der Haltung des Serums im Thermostat bei 4° C immer statistisch gesicherte Unterschiede zwischen der Kontrollgruppe und der bestrahlten Gruppe auftraten.

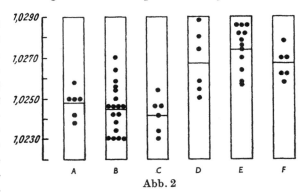

Abb. 2

Abb. 2 zeigt die Resultate von 3 Kontrollgruppen. Säule A bei Messung sofort nach Dekapitierung der Ratten, Säule B nach 24stündiger Inkubation des Serums bei 4° C und Säule C nach 48stündiger Inkubation bei 4° C.

Die Säulen D, E, F geben die Resultate unter gleichen Bedingungen für die bestrahlten Ratten an.

Abb. 3 zeigt die Ergebnisse für bestrahlte Ratten bei verschiedenen Zeitintervallen nach der Bestrahlung. Dabei wurde das Serum immer 24 Stunden bei 4° C inkubiert. Nach unseren bisherigen Resultaten können wir sagen, daß sich die Blutserumdichte nach der äußerlichen Ganzkörperbestrahlung erhöht. Die Unterschiede zwischen der bestrahlten Gruppe und der Kontrollgruppe sowie zur thermisch verletzten Gruppe sind statistisch gesichert.

Wir untersuchten nun die Ursache der Dichteänderung des Blutserums nach Röntgenbestrahlung.

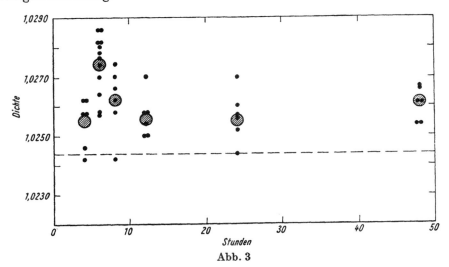

Abb. 3

Wir nehmen an, daß die Änderungen durch Kataboliten der DNS verursacht sein können, denn es ist bekannt, daß die DNS sehr strahlenempfindlich sind und ihr Gehalt in den Organen nach der Bestrahlung sinkt [3, 4]. Die Nukleoside und ihre Prekursoren sind im Blut auch unter den physiologischen Bedingungen vorhanden [5].

Nach der Bestrahlung reichern sich einige von ihnen im Blut an und werden, wie wir es im Falle des Desoxycytidins gezeigt haben, mit dem Urin ausgeschieden [6].

Es bietet sich auch die Vorstellung einer bestimmten Korrelation zwischen dem schnellen Absinken der Leukozytenzahl und der Erhöhung der Blutserumdichte an. An diesen Prozessen könnten auch enzymatische Reaktionen teilnehmen, denn mit Hilfe der Inkubation ist es möglich, die Änderungen zu erhöhen, aber auch zu erniedrigen.

Wir denken, daß uns der Beweis gelungen ist, daß eine Ganzkörperbestrahlung die physikalisch-chemischen Eigenschaften des Blutserums — zum Beispiel seine Dichte — verändern kann.

Wir hoffen, daß diese Ergebnisse einen kleinen Beitrag für das Studium der Strahlenkrankheit darstellen mögen.

Literatur

[1] CORNATZER, W. E., ENGELSTADT, O., DAVISON, J. P., Am. J. Physiol. **175** (1953) 153.
[2] WIEDERMAN, D., POSPÍŠIL, M., Naturwissensch. **45** (1958) 92.
[3] ORT, M. G., STOCKEN, L. A., Progress in Radiology. Oliver Boyd, Edinburg 1957.
[4] BUTLER, J. A. V., SIMSON, P., Radiobiol. Symp. Lége 1954; Butterworth, London 1955.
[5] SCHNEIDER, W. C., BROWNELL, L. W., Fed. Proc. **15** (1956) 349.
[6] PAŘÍZEK, J., ARIENT, M., DIENSTBIER, Z., ŠKODA, J., Nature **182** (1958) 721; Med. Radiol. (Moskow) **5** (3) (1960) 31.

Aus dem Physiologischen Institut der Humboldt-Universität Berlin

Das relative Emissionsvermögen der menschlichen Haut

K. Eckoldt, Berlin

Unter dem relativen Emissionsvermögen eines Stoffes E_1 ist das Verhältnis von Strahlungsdichte des betreffenden Stoffes S_1 zu der eines schwarzen Körpers S bezogen auf den gleichen Spektralbereich und bei gleicher Temperatur zu verstehen (Gl. 1). Dieser Wert werde *spektral* genannt, wenn er auf diskrete Wellenlängen bezogen wird und *integral*, wenn der gesamte Abstrahlungsbereich berücksichtigt wird. Das Adjektiv *relativ* ist notwendig, um Verwechslungen mit dem Term *Emissionsvermögen* im Kirchhoffschen Sinn zu vermeiden, der darunter die Strahlungsdichte eines beliebigen Körpers verstand. Unter Benutzung des Kirchhoffschen Gesetzes (Gl. 2) wird das relative Emissionsvermögen gleich dem Absorptionsvermögen A_1. Für nichtdiathermane Körper gilt weiterhin, daß die Summe von Absorptionsvermögen plus Reflexionsvermögen gleich eins ist. Danach läßt sich das relative Emissionsvermögen auch aus der Beziehung (Gl. 3) bestimmen.

$$E_1(\lambda, T) = \frac{S_1(\lambda, T)}{S(\lambda, T)} . \tag{1}$$

$$S(\lambda, T) = \frac{S_1(\lambda, T)}{A_1(\lambda, T)} . \tag{2}$$

$$E_1(\lambda, T) = A_1(\lambda, T) = 1 - R_1(\lambda, T) . \tag{3}$$

Die Kenntnis des relativen Emissionsvermögens erlaubt die Berechnung der unter bestimmten Temperaturverhältnissen von dem betrachteten Körper an die Umgebung abgegebenen Strahlungsenergie $W_{H,U}$. Hierzu wird das Stefan-Boltzmannsche Gesetz erweitert, da die Gegenstrahlung der Umgebung subtrahiert werden muß. Ferner muß, wenn sich zwei nichtschwarze Körper gegenüberstehen, der reflektierte Anteil berücksichtigt werden. Diese Beziehung ist in Gleichung 4 aufgestellt für die Annahme einer dreifachen Reflexion. Einsetzen von $1 - R = E$ und Ausrechnung ergibt dann die Gleichung 5.

$$W_{H,U} = k \, [T_H^4 \, E_H \, (1 - R_U + R_U \, R_H - R_U^2 \, R_H)$$
$$- T_U^4 \, E_U \, (1 - R_H + R_H \, R_U - R_H^2 \, R_U)] . \tag{4}$$

$$W_{H,U} = k \, (T_H^4 - T_U^4) \, E_H \, E_U \, \underbrace{(2 - E_H - E_U + E_H \, E_U)}_{r_{HU}} . \tag{5}$$

Weiterhin wird die Größe des relativen Emissionsvermögens benötigt, wenn aus Strahlungsmessungen die Oberflächentemperatur eines Körpers bestimmt werden soll. Man geht hierbei so vor, daß man die von dem betreffenden Körper und die von einem experimentellen schwarzen Körper unter den gleichen Verhältnissen einem Meßinstrument zugestrahlten Energiebeträge in Beziehung setzt (Gl. 6).

$$\frac{W_{H,M}}{W_{S,M}} = \frac{k(T_H^4 - T_M^4) E_H E_M r_{HM}}{k(T_S^4 - T_M^4) E_S E_M r_{SM}}. \tag{6}$$

Daraus ergibt sich dann die Temperatur des Körpers (z. B. der menschlichen Haut) zu

$$T_H = \sqrt[4]{\frac{W_{H,M}(T_S^4 - T_M^4) E_S r_{SM}}{W_{S,M} E_H r_{HM}}}. \tag{7}$$

Das relative Emissionsvermögen der menschlichen Haut wurde von verschiedenen Autoren bestimmt. In der Tabelle 1 sind die gefundenen Werte zusammengestellt; sie liegen alle um eins herum. Die besten Werte dürften die von BÜTTNER [7] und HARDY [8] sein. Allerdings sind die Differenzen — obwohl zahlenmäßig recht klein — doch so groß, daß die mit beiden Werten errechneten Hauttemperaturen nach Gleichung 7 sich um 0,6° C unterscheiden.

Tabelle 1
Bisherige Meßwerte für das relative Emissionsvermögen der menschl. Haut.

~1900	RUBNER [1]	~1
1924	COBET u. BRAMIGK [2]	1
1928	ALDRICH [3]	>1
1933	SAIDMAN [4]	1
1934	HARDY [5]	1
1935	CHRISTIANSEN u. LARSEN [6]	0,84—1,0
1937	BÜTTNER [7]	0,954±0,004
1939	HARDY [8]	0,989±0,01

Trotz des recht guten Zahlenmaterials herrscht über das Emissionsvermögen der Haut keinesfalls Klarheit. So schreibt ein 1950 erschienenes Lehrbuch der Physiologie (LANDOIS-ROSEMANN [9]): „Dieses (das rel. Emissionsvermögen; Verf.) nimmt nach Reizung und Reibung der Haut und nach Muskeltätigkeit zu; es steigt noch stärker (bis zum 3—4fachen der Anfangsgröße) durch Einwirken kalter Luft oder nach einem kühlen Bad". Dies ließe sich nur so erklären, daß die Haut eine ganz beträchtliche Durchlässigkeit für UR-Strahlung aus der Tiefe (z. B. vom Blut) besitzt und nicht die Oberflächentemperatur für die Abstrahlung maßgeblich ist. Tatsächlich fanden auch CHRISTIANSEN und LARSEN [6], allerdings mit unzureichender Methodik, eine Abhängigkeit des rel. Emissionsvermögens von der Durchblutung der Haut. 1956 fand NICOLAI [10] ebenfalls Diskrepanzen zwischen der thermoelektrisch gemessenen Oberflächentemperatur und der kurzwelligen UR-Strahlung. Da jedoch eine PbS-Zelle als Nachweisinstrument diente, wurde nur ca. 1⁰/₀₀ der Verteilungskurve erfaßt. GÄRTNER [11] berichtete kürzlich ebenfalls über Unstimmigkeiten von Oberflächentemperatur und UR-Strahlung bei Änderung der Durchblutung. Alle anderen Untersucher bestreiten jedoch eine Durchstrahlung der Oberfläche aus tieferen Hautschichten. Bestände eine Durchstrahlung tatsächlich, so wäre die Anwendbarkeit des STEFAN-BOLTZMANNschen Gesetzes zur Strahlungs- bzw. Temperaturberechnung bei der Haut nicht anwendbar.

Zur Bestimmung des relativen Emissionsvermögens der Haut wurden bisher fast ausschließlich Abstrahlungsmessungen durchgeführt. Dabei muß die Temperatur der Haut sehr genau bekannt und die Meßgenauigkeit der Anordnung sehr hoch sein, da kleine Änderungen großer Ausschläge die Meßgröße bilden. Von verschiedenen Autoren wurden deshalb Kunstgriffe wie Eintauchen der Haut in Wasser bekannter Temperatur und danach Abtrocknung und Strahlungsmessung oder Aufheizung der Haut im warmen Luftstrom oder Aufheizen des Raumes auf Temperaturen oberhalb der Hauttemperatur angewendet, um recht genaue Hauttemperaturen zu erhalten. Eine andere Möglichkeit ist die Bestimmung des Reflexionsvermögens und Errechnung des relativen Emissionsvermögens aus Gleichung 3. Da R sehr klein zu erwarten ist, ist die Bestimmung von E bei gleicher Genauigkeit der Anordnung um mindestens eine Größenordnung genauer als durch Emissionsmessungen möglich. Allerdings ist dabei vorausgesetzt, daß keine Durchlässigkeit der Haut für Strahlung aus dem Abstrahlungsbereich vorliegt.

Die Bestimmung des Reflexionsvermögens der Haut im UR ist mit einigen Schwierigkeiten verbunden. Die Reflexion hat diffusen Charakter und es müssen alle von der Haut reflektierten Strahlen zur Messung gelangen. Ist dies nicht möglich, muß ein Standard mit ebenfalls diffuser Charakteristik benutzt werden. Die Anwendung einer ULBRICHTschen Kugel scheitert am Fehlen von diffus reflektierenden Stoffen mit hohem Reflexionsvermögen, die zur Auskleidung der Kugel benutzt werden müßten. Wegen der geringen im mittleren UR zur Verfügung stehenden Energie ist dabei auch die zur Messung gelangende Intensität sehr klein. Es wurde deshalb die von SANDERSEN [12] und DERKSEN u. MONAHAN [13] beschriebene integrierende Halbkugel zur Sammlung der von der Haut diffus in den Halbraum reflektierten Strahlung auf der Empfängerfläche benutzt. Die Anordnung ist aus Abbildung 1 ersichtlich. Die von einem schwarzen Körper (berußte

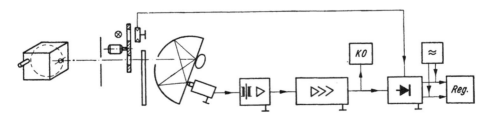

Abb. 1. Blockschema der Anordnung zur Bestimmung des Reflexionsvermögens der Haut. Von links nach rechts: Schwarzer Körper, Lochblende, Modulationsscheibe mit Synchronmotor, Kammblende, integr. Halbkugel, Unterarm, Thermoelement, Vorverstärker, Hauptverstärker, Gleichrichter, Tintenschreiber.

Hohlkugel von 110 mm Durchmesser mit einer Öffnung von 20 mm Durchmesser), der von durch einen Thermostaten geheiztem Wasser durchströmt wird, ausgehende Strahlung fällt nach Ausblendung und Modulation auf die Meßstelle. Der von dort reflektierte Anteil fällt nach einmaliger Reflexion an der verspiegelten Innenwand der Halbkugel auf einen zur Meßstelle konjugierten Punkt in der die Halbkugel begrenzenden Ebene, in dem sich das Thermoelement befindet. Dies war ein Vakuum-Thermoelement nach KORTUM mit KBr-Linse. Die Empfindlichkeit liegt bei 12 V/W und die Zeitkonstante beträgt 50 ms. Damit war die Anwendung von Wechsellicht (12,5 Hz) möglich. Da der Innenwiderstand nur ca. 50 Ohm beträgt, war die Anpassung an das Gitter der ersten Röhre mit einem Übertrager notwendig. In einem batteriegespeisten Vorverstärker mit guter Abschirmung gegen äußere Störfelder befinden sich Übertrager und Eingangsröhre. Der folgende dreistufige Hauptverstärker wurde frequenzselektiv durch zwei Doppel-T-RC-Vierpole ausgelegt. In einem phasenempfindlichen Gleichrichter erfolgt dann die Demodulation des Signals und mittels Tintenschreiber ist eine Registrierung möglich. An die Meßstelle wurde wechselweise die Volarseite des Unterarmes und als Standard ein sandgestrahltes Aluminiumblech gebracht, dessen Reflexionsvermögen vorher bestimmt worden war.

Nachdem in früheren Versuchen (ECKOLDT [14, 15]) sowohl durch spektrale Emissionsmessungen als auch durch spektrale Reflexionsmessungen mit der jetzigen Anordnung unter Zwischenschaltung eines Spiegelmonochromators gezeigt werden konnte, daß die Haut oberhalb von 3 μm als grauer Strahler anzusehen ist (was auch die Messungen von BUCHMÜLLER [16] bestätigten), wurde nun das integrale Reflexionsvermögen bestimmt. Der schwarze Körper war dabei auf 35 °C aufgeheizt, damit die Spektralverteilung der Meßstrahlung der Emissionsverteilung entsprach. Da die KBr-Linse des Thermoelementes bis ca. 30 μm durchlässig ist, wurde fast der gesamte Abstrahlungsbereich erfaßt.

Es ergab sich als Mittelwert aus 40 Einzelmessungen an vier Versuchspersonen ein Reflexionsvermögen von 2,95 $\pm$ 0,3%. Dieser Betrag erwies sich als abhängig von der Hautfeuchte. Eine künstlich befeuchtete Hautstelle zeigte ein geringeres Reflexionsvermögen als normale Haut. Der Einfluß der Durchblutung auf das Reflexionsvermögen wurde geprüft, indem an einer Stelle des Unterarmes Wärme- und UV-Erytheme gesetzt wurden. Das Reflexionsvermögen einer so behandelten Stelle war gegenüber einer danebenliegenden unbehandelten Stelle nicht unterschiedlich.

Zwecks Anwendung der Gleichung 3 zur Berechnung des relativen Emissionsvermögens mußte weiterhin die Durchlässigkeit der Haut im Abstrahlungsbereich bestimmt werden. Hierzu diente als Strahlungsquelle ein Silitstab, der elektrisch auf 1400 °C geheizt wurde, und zur spektralen Zerlegung der Spiegelmonochromator vom VEB Carl Zeiss Jena mit LiF- und NaCl-Prismen. Es gelang, bis 1,8 μm an der intakten Haut des Skrotums die Durchlässigkeit zu messen. Die Meßstelle wurde direkt vor die Linse des Thermoelementes gebracht. Die Dicke des Skrotums beträgt ca. 2 mm. Oberhalb von 1,8 μm mußte isolierte Haut benutzt werden, um wenigstens einen Anhalt für die Durchlässigkeit zu gewinnen. Die be-

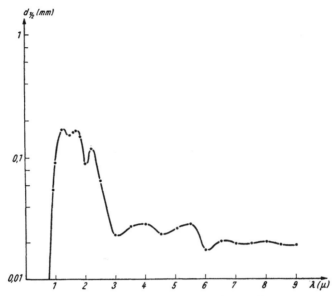

Abb. 2. Halbwertsdicke der menschlichen Haut gegen UR-Strahlung verschiedener Wellenlänge.

nutzten Hautschichten stammten von Mammacarzinom-Patientinnen, bei denen Totalresektionen vorgenommen wurden. Mit einem Mikrotom wurden ca. 0,2 mm dicke Schichten von der Oberhaut abgeschnitten und zur Messung ebenfalls vor die Linse des Thermoelementes gelegt. Die Zeit von der Abnahme der Mamma bis zur Messung betrug maximal 2 Stunden. In der Abbildung 2 ist das Ergebnis dieser Bestimmungen dargestellt. Hier sind die Hautdicken aufgetragen, in denen die Hälfte der auffallenden Strahlung absorbiert ist (Halbwertsdicke). Dabei ist vorausgesetzt, daß die Absorption in allen Schichten der Haut gleichmäßig erfolgt, die Haut also bezüglich der UR-Absorption als homogen anzusehen ist. Dies erschien statthaft, da für die Absorption im wesentlichen das Wasser verantwortlich ist. Während der Bereich unterhalb von 3 μm für die Einstrahlung von Sonnenenergie interessant ist, stellt der Bereich oberhalb davon wegen der geringen Reflexion an der Hautoberfläche gleichzeitig die Dicke dar, aus der Strahlung zu einem wesentlichen Betrag aus der Tiefe heraus die Oberfläche zu durchstrahlen vermag. Dies ist aus etwa 0,02 mm der Fall. Da die oberflächlichen Blutgefäße aber in der zehnfachen Halbwertsdicke liegen, erscheint eine Durchstrahlung von dort, und somit eine Abhängigkeit des Emissionsvermögens von der Durchblutung unwahrscheinlich.

Trotzdem kann gegen diese Messungen eingewendet werden, daß die benutzten isolierten Hautschichten nicht mehr die normalen Durchlässigkeitseigenschaften haben wie die lebende Haut. Es wurden deshalb kontaktthermoelektrisch gemessene Oberflächentemperatur und UR-Strahlung der Haut des Unterarmes bei

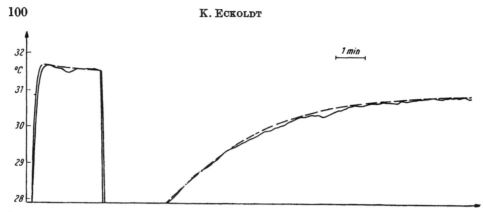

Abb. 3. Verlauf von thermoelektrisch gemessener Oberflächentemperatur (gestrichelte Linie) und UR-Strahlung bei Änderung der Hauttemperatur.

Änderung des Temperaturgradienten zwischen Oberfläche und Subcutangewebe simultan registriert. Die Durchblutung wurde mit einer Blutdruckmanschette am Oberarm unterbrochen und der Unterarm für 2 min in Wasser von 20 °C getaucht. Danach wurde der Arm gut abgetrocknet und in Meßposition für Temperatur- und Strahlungsmessung, die an der gleichen Stelle erfolgten, gebracht. Dann wurde die Stauung geöffnet und die Ausschläge registriert. Die Oberfläche befand sich zunächst auf Zimmertemperatur und die Erwärmung beginnt vom Blutstrom her. Dabei besteht ein Temperaturgradient von schätzungsweise 10 °C zwischen Oberfläche und Blut. Würde nun eine merkliche Durchlässigkeit der Haut für UR-Strahlung bestehen, müßte die Strahlung schneller ansteigen als die Oberflächentemperatur. Wie die Abbildung 3 zeigt, ist dies jedoch nicht der Fall, sondern beide Kurven steigen völlig parallel an.

Daraus ergibt sich, daß die menschliche Haut im Abstrahlungsbereich als grauer Oberflächenstrahler mit einem relativen Emissionsvermögen von 0,9705 ± 0,003 angesehen werden kann.

Berechnet man damit nach Gleichung 7 die Temperaturdifferenz, die zwischen der Haut und einem schwarzen Körper von 32 °C bestehen müßte, wenn gleiche Energiebeträge an ein Meßinstrument bzw. an die Umgebung von 20 °C abgegeben werden sollen, so ergibt sich ein Wert von 0,37 °C.

Literatur

[1] Rubner, M., Persönl. Mitteilg. an [2].
[2] Cobet, R. u. Bramigk, F., Dtsch. Arch. klin. Med. **144** (1924) 45.
[3] Aldrich, L. B., Smithon. Misc. Collect. **81** (1928) 1.
[4] Saidman, J., Compt. Rend. Acad. Sci. **197** (1933) 1204.
[5] Hardy, J. D., J. Clin. Invest. **13** (1934) 593.
[6] Christiansen, S. u. Larsen, T., Scand. Arch. Physiol. **72** (1935) 11.
[7] Büttner, K., Strahlenther. **58** (1937) 345.
[8] Hardy, J. D., Am. J. Physiol. **127** (1939) 454.
[9] Landois-Rosemann, Physiologie des Menschen. Berlin-München 1950.

[10] NICOLAI, L., Pfl. Arch. Physiol. **263** (1956) 453.
[11] GÄRTNER, W., Vortrag 26. Tagung d. Dtsch. Physiol. Gesellsch. Freiburg 1960, Ref.: Pfl. Arch. Physiol. **272** (1960) 25.
[12] SANDERSEN, J. A., J. Opt. Soc. Am. **37** (1947) 771.
[13] DERKSEN, W. L. u. MONAHAN, T. J., J. Opt. Soc. Am. **42** (1952) 263.
[14] ECKOLDT, K., Vortrag 26. Tagung d. Dtsch. Physiol. Gesellsch. Freiburg 1960, Ref.: Pfl. Arch. Physiol. **272** (1960) 24.
[15] ECKOLDT, K., Vortrag 3. Internat. Congress on Photobiology Kopenhagen 1960, Ref.: Progress in Photobiology, Amsterdam 1961.
[16] BUCHMÜLLER, K., Vortrag 3. Internat. Congress on Photobiology Kopenhagen 1960, Ref.: Progress in Photobiology, Amsterdam 1961.

Aus der Geschwulstklinik der Charité der Humboldt-Universität Berlin

Untersuchungen über die Ultrarotstrahlung des Menschen

K. Buchmüller, Berlin

Im Jahre 1833 beschrieb Melloni [38] die später nach ihm benannte Thermosäule. 1851 folgte die grundsätzliche Erfindung des Bolometers durch Svanberg [56], der es als „Differentialthermometer" bezeichnete, und 1881 eine Verbesserung durch Langley [34], welcher sein Gerät „Wärmewaage" nannte. Damit hatte die Physik den technischen Lösungsweg zur Messung der Ultrarotstrahlung aufgezeigt, die von ihrem Entdecker W. Herschel [28] bereits im Jahre 1800 als „unsichtbares Licht" gewertet wurde.

Christiani und Kronecker [10] dürften 1878 wohl als erste mit Hilfe einer Mellonischen Thermosäule Temperaturstrahlungsmessungen am Menschen ausgeführt haben. Die Einstellzeit betrug allerdings für jede einzelne Messung 61 sec. Dennoch wollten diese Autoren bereits psychische Einflüsse auf die Temperaturregulation erfaßt haben, die sich in einer spontanen Änderung der Ultrarotemission nach unvermutbarem Ablaufen eines Weckers oder dem Abfeuern eines Pistolenschusses gezeigt haben sollen, oder, wenn solche Signale erwartet wurden, dann aber ausblieben.

1883 legte Kusnezowa [33] umfangreiche Protokolle über Strahlungsmessungen der Haut mittels einer Mellonischen Säule vor. Sie fand Temperaturdifferenzen zwischen symmetrischen Hautpartien bei gesunden und kranken Menschen. Die Einstellzeit für jede Messung betrug in ihrem Falle jedoch sogar 6 min; die Trägheit des benutzten Galvanometers war so groß, daß bis zur Wiedererlangung der Nullage 20 bis 60 min vergingen.

1885 bis 1887 unternahmen Eichhorst [17] und Masje [37] Messungen der Temperaturstrahlung des Menschen mit Hilfe eines selbst gefertigten Gitterbolometers und glaubten, Differenzen zwischen strahlungs- und kontaktthermometrischen Werten gefunden zu haben. Stewart [54] zweifelte dies wenig später an, konnte aber keine befriedigenden Gegenargumente liefern.

Ebenfalls vom Jahre 1885 an versuchte Rubner [46, 47] in seinen heute allgemein bekannten Schriften über die Bekleidung des Menschen, der Bestimmung des Emissionsvermögens verschiedener Kleiderstoffe näherzukommen. Er soll nach Cobet [12] als erster Untersucher das Emissionsvermögen der menschlichen Haut mit nahezu 100% angegeben haben.

Alle genannten Autoren kamen auf Grund sehr großer technischer Schwierigkeiten, die damals noch nicht überwunden werden konnten, zu keinen abschließenden Festlegungen. Ihre Arbeiten bieten jedoch dem heutigen Untersucher eine Fülle wertvollster Anregungen.

Nach dem 1. Weltkrieg griffen COBET und BRAMIGK [13] das Problem der Bestimmung des relativen Emissionsvermögens der Haut durch Messungen an Leichenhaut gezielt auf. Sie benutzten eine von MECHAU entwickelte, bei VOEGE [59], [60] näher beschriebene, empfindliche Thermosäule, bei der die zu messende Strahlung mittels eines vergoldeten Hohlspiegels auf die berußten Lötstellen fokussiert wurde. Sie gaben die ersten verwertbaren Hinweise über diagnostische Möglichkeiten durch Feststellung topographischer Änderungen der Ultrarotemission der Haut. Eine ähnliche Anlage benutzten auch SLUITER und RIJNBERK [53] sowie FRIEDENTHAL [20], der den Einfluß von Überraschung, Schreck und anstrengender Kopfarbeit auf die Stirnstrahlung festgestellt haben will.

FRÄGER [19] ist kürzlich auf die Fehlerquellen dieser und der im folgenden nur kurz erwähnten Autoren sowie auf den Aufbau ihrer Versuchsanordnungen näher eingegangen. Es sei auf die Arbeiten der amerikanischen Gruppen um ALDRICH [1—3] sowie um HARDY [22—26], in Frankreich von SAIDMAN [48] und MOSCOVICI [39] und in Deutschland besonders von PFLEIDERER und BÜTTNER [44, 8] verwiesen. Weitere, mehr oder weniger umstrittene Bausteine, lieferten KISCH [31], STUMPFF [55], PHILIPP [45], BOHNENKAMP und Mitarb. [5—7], CHRISTIANSEN und LARSEN [11] sowie WARNER mit VERNON [48] und mit BEDFORD [4]. Herr ECKOLDT wird im folgenden Vortrag eine Zusammenstellung *der* Werte geben, die sich den wichtigsten der genannten Veröffentlichungen für das relative Emissionsvermögen der Haut entnehmen lassen und meist mit ε nahe 1,0 angegeben wurden. Im Gegensatz zu optischen Untersuchungen im sichtbaren Bereich der elektromagnetischen Skala, in dem sich störende Strahlung aus anderen als der zu messenden Quelle leicht durch geeignete Blenden und Abschirmungen eliminieren läßt, emittieren bei Raumtemperaturen alle Gegenstände der Umwelt im nahen und mittleren Ultrarot mehr oder weniger selbst. Liegt der zu vermessende Strahler dabei nur wenig über der Raumtemperatur, so mußten früher bereits Bestimmungen der *Gesamt*emission große Probleme aufwerfen und mit einer hohen Fehlerbreite behaftet sein. Eine Untersuchung der spektralen Verteilung der Ultrarotemission, z. B. der Haut, war technisch unmöglich. Leider ist es nicht ersichtlich, wie die von HARDY [27] zitierten Autoren WRIGHT und TELKES im Jahre 1934 zu ihrer eigenartig geformten Verteilungskurve der Emission der Haut gelangt sind, da die angegebene Literaturstelle nur zu einer kurzen, unbebilderten Zusammenfassung durch TELKES [57] führt.

Die Beschreibung des Wechsellichtverfahrens durch NICOLAI [41, 42] und dessen Einführung in die Ultrarottechnik durch LEHRER [35, 36] brachten einen wesentlichen Fortschritt für die optische Meßtechnik. Der Strahlengang wird hierbei zwischen Quelle und Empfänger, z. B. einer Fotozelle, einem Thermoelement oder einem Bolometer in einer bestimmten konstanten Frequenz, meistens mittels einer rotierenden Sektorenscheibe unterbrochen. Die im Empfänger entstehenden Impulse werden schließlich resonanzverstärkt. In das Meßergebnis gehen somit nur Strahlungen ein, die die vorgegebene Modulationsfrequenz besitzen. Gleichstrahlung aus einem zwischen der Modulationsscheibe und dem Empfänger gelegenen Monochromator z. B. belastet den Meßvorgang nicht mehr.

Die Anwendung des Wechsellichtverfahrens im ultraroten Spektralbereich erfordert Sicherheitsmaßnahmen gegenüber aus der Umwelt in den Strahlengang emittierter oder reflektierter Störstrahlung, sofern diese mit moduliert wird, und die Beachtung der Tatsache, daß es sich nun um keine Nullmethode mehr, sondern um den Vergleich zweier Strahlungsquellen, nämlich des Meßobjektes und der selbst emittierenden Modulationsscheibe, handelt. NICOLAI [42] machte kürzlich auf die Fehlerquellen aufmerksam, die sich aus einer Änderung der Eigentemperatur solcher Unterbrecherscheiben ergeben können.

In Unkenntnis dieser Tatsachen und aus paramedizinischer Sicht heraus glaubte eine Gruppe um SCHWAMM [49—51], unterschiedliche Reichweiten der Ultrarotstrahlung des Menschen in gesunden und kranken Tagen diagnostizieren zu können. BUCHMÜLLER und FRÄGER [9] konnten durch einfache Modellversuche die fehlerhaften Folgerungen SCHWAMMS auf die Inkonstanz der Temperaturen der Modulationsscheibe in seiner Meßpistole zurückführen.

Betrachtet man die Intensitätsverteilung der Strahlung eines schwarzen Eichstrahlers oder der lebenden menschlichen Haut unter den genannten Temperaturbedingungen, so sind zusätzlich einige Hinweise von CZERNY [14] hinsichtlich des Auswanderns des Maximums der PLANCKschen Verteilungskurven zu beachten. Eigene Berechnungen zeigen, daß das Maximum der gemessenen Differenzkurve vom erwarteten Wert $\lambda = 9{,}4\ \mu m$ nach $\lambda = 8{,}4\ \mu m$ auswandern muß, wenn die Hautemission im Wechsellichtverfahren mit einer auf Zimmertemperatur befindlichen Referenzscheibe gemessen wird. Je tiefer die Temperatur dieses Unterbrechers liegt, desto kleiner muß naturgemäß die Abweichung sein. Bei $223\,°K$ für die Scheibe liegt das Maximum der Differenzkurve bereits richtig bei $\lambda = 9{,}4\ \mu m$.

Diese Überlegungen führten zu einer eigenen Versuchsanordnung, über die erstmals anläßlich des III. Internationalen Photobiologischen Kongresses am 3. 8. 1960 in Kopenhagen berichtet wurde.[1]) Ein schwarzer Eichstrahler, der aus einer matt geschwärzten Hohlkugel von 250 mm Durchmesser besteht, die sich in einem gut isolierten, mit temperiertem Wasser durchflossenen Zylinder befindet und die eine runde Öffnung von 25 mm Durchmesser besitzt, steht vor einer Kühlblende gleicher Lichtung. Diese Kühlblende wird durch einen Quader dargestellt, der von mit Trockeneis gekühltem n-Butylalkohol aus einem Umlaufthermostaten durchflossen wird und eine Oberflächentemperatur von etwa $240\,°K$ erreicht. Es folgt vor dem Eingangsschlitz des Spiegelmonochromators des VEB Carl Zeiss JENA, der von FALTA [18] beschrieben worden ist, eine um $45°$ gegen die Horizontal- und Vertikalebene geneigte hochglanzvergoldete Modulationsscheibe, welche mit Hilfe eines Synchronmotors den Strahlengang in einer Frequenz von $12{,}5$ Hz unterbricht. Sie rotiert über einem flüssige Luft enthaltenden DEWAR-Gefäß. Das Reflexionsvermögen der Scheibe beträgt nach eigenen Messungen bei $\lambda = 2{,}0\ \mu m$ 90%, erreicht bei $\lambda = 2{,}8\ \mu m$ 97% und behält diesen Wert bis zur Grenze des

---

[1]) Die wesentlichsten der seinerzeit vorgelegten Abbildungen können den Kongreßberichten entnommen werden. Sie entfallen aus drucktechnischen Gründen im vorliegenden Manuskript.

Meßbereiches bei. Dieses Ergebnis deckt sich mit Angaben von GIER, DUNKLE und BEVANS [21]. Als zweite Strahlungsquelle wird demnach nicht mehr eine Modulationsscheibe von Zimmertemperatur, sondern die Oberfläche flüssiger Luft gemessen. Das Maximum der Verteilungskurve muß bei der erwarteten Wellenlänge erscheinen, die Amplitude der am Empfänger erzeugten Wechselspannung muß bedeutend erhöht sein.

Als Empfänger dienten ein Thermoelement nach KORTUM[1]) mit KBr-Linse und Bolometer nach CZERNY, KOFINK und LIPPERT [15][2]) mit planen KBr-Eintrittsfenstern, die unmittelbar hinter dem Austrittsspalt des Monochromators angeordnet wurden. Die weitere Anlage bestand aus einem fünfstufigen Verstärker mit vier Resonanzkreisen[2]), die Anzeige erfolgte mit Hilfe eines Lichtmarkengalvanometers[3]) oder nach weiterer Verstärkung mit verschiedenen Schreibersystemen. Der Monochromator enthält eine WADSWORTHeinrichtung und wurde mit 67°-NaCl- oder 67°-KBr-Prismen bestückt.

An Stelle des schwarzen Eichstrahlers sind Hautpartien von Versuchspersonen sowie zur Erfassung restlicher, störender Strahlung ein hochglanzvergoldeter Quader gleicher Temperatur vermessen worden.

Der Monochromator wurde unter Benutzung der für Messungen der Durchlässigkeit der Haut weiter unten beschriebenen Anlage mit Hilfe atmosphärischer CO_2-Banden und dünner Polystyrolfilme (25—50 μm) und der Eichtabellen für Prismenspektrometer im Handbuch von HOUBEN-WEYL geeicht.

Die Oberflächentemperatur wurde mit dem elektrischen Hautthermometer *Biotherm*[4]) gemessen, dessen stiftförmige Fühler jedoch derart umgebaut worden sind, daß durch einen Spannring die Zuführungen der Haut beiderseits der Lötstelle jeweils etwa 30 mm gleichmäßig ohne merklichen Druck anliegen. Mit einem Bolometer als Empfänger und einem 67°-NaCl-Prisma ergab sich eine sehr gute Übereinstimmung zwischen der Emission des benutzten schwarzen Körpers und der Haut, während sich die Verteilungskurve für den Goldquader gleicher Temperatur auf einem weit tieferen Niveau befand. Abweichungen vom Emissionsvermögen des Eichstrahlers kommen demnach erwartungsgemäß sehr deutlich zur Darstellung. Das Maximum der Verteilungskurven für Haut- und Schwarzkörperstrahlung ergab sich unter den gegebenen Versuchsbedingungen mit $\lambda \approx 9{,}2 \,\mu$m. Eine bessere Übereinstimmung mit der Theorie ist nicht zu erwarten, weil aus energetischen Gründen auf eine Spaltfokussierung verzichtet werden mußte. Nach DIETRICH [16] ist zudem die Durchlässigkeit auch der reinsten KBr-Scheiben, wie sie als Eintrittsfenster der benutzten Bolometer Verwendung fanden, gerade im Wellenlängenbereich zwischen $\lambda \approx 9$—10 μm etwas geringer als in den angrenzenden Gebieten. Bei dem benutzten Thermoelement, Typ VTh 1 nach KORTUM, das zusätzlich eine KBr-Linse zur Fokussierung des einfallenden Lichtes auf die Emp-

---

[1]) Hersteller: VEB Carl Zeiss Jena.
[2]) Hersteller: Physikalisch-Technische Werkstätten, Prof. Dr.-Ing. W. HEIMANN, Wiesbaden/Dotzheim.
[3]) Hersteller: VEB Gerätewerk Karl-Marx-Stadt.
[4]) Bezugsmöglichkeit: METRIMPEX Budapest.

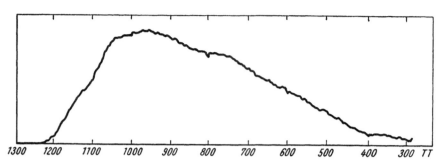

Abb. 1. PLANCKsche Verteilungskurve für Schwarzkörperstrahlung 34°C. Bolometer mit einwandfreiem KBr-Eintrittsfenster.

fängerfläche besitzt, liegt das gemessene Maximum unter sonst gleichen experimentellen Bedingungen bei $\lambda \approx 8{,}7~\mu m$. Es muß hierzu jedoch noch geklärt werden, inwieweit die nach KORTUM [32] differente spektrale Empfindlichkeit verschiedener Thermoelemente für das weitere Auswandern des Maximums mit verantwortlich zu machen ist.

Die durch Alterungsprozesse des Eintrittsfensters unter extremen Bedingungen erzielten Abweichungen von der erwarteten PLANCKschen Verteilungskurve lassen sich am besten durch Vergleich zweier aufgezeichneter Kurven erläutern. Abb. 1 entstand mit der oben beschriebenen Anlage unter Benutzung eines neuen, einwandfreien Bolometers. Als Strahlungsquelle diente der schwarze Eichstrahler. Abb. 2 zeigt bei unveränderter Anordnung die mit einem alten Bolometer gemessene Kurve, dessen Eintrittsfenster durch Feuchtigkeitseinwirkung und Bildung einer Randzone mit Grünspan verdorben war.

Abb. 3 wurde nach Messungen gezeichnet, für die ein 67°-KBr-Prisma in Verbindung mit einem neuen einwandfreien Bolometer Verwendung fand. Auch hierbei ergibt sich die gute Übereinstimmung zwischen Schwarzkörper- und Haut-

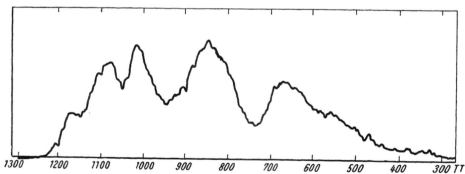

Abb. 2. PLANCKsche Verteilungskurve für Schwarzkörperstrahlung 34°C. Eintrittsfenster getrübt, am Rand Grünspanbildung.

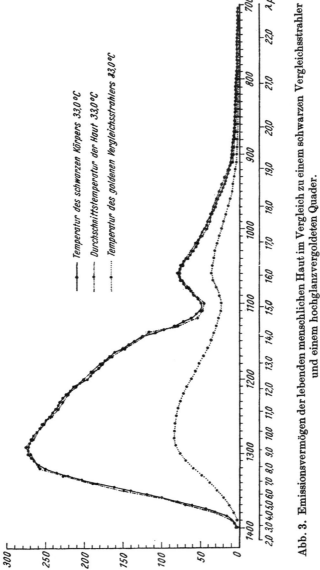

Abb. 3. Emissionsvermögen der lebenden menschlichen Haut im Vergleich zu einem schwarzen Vergleichsstrahler und einem hochglanzvergoldeten Quader.

emission. Die Abweichung der Kurve von der Theorie bei $\lambda \approx 15\,\mu m$ wird durch die dort liegende starke atmosphärische CO_2-Bande verursacht. Das Maximum der Verteilungskurve wurde unter Benutzung des KBr-Prismas bei $\lambda \approx 9{,}0$—$9{,}1\,\mu m$ gefunden.

Zur Kontrolle der für das relative Emissionsvermögen der Haut gewonnenen Ergebnisse wurden zusätzliche Messungen des relativen Reflexionsvermögens sowie der Durchlässigkeit des Praeputiums im Wellenlängenbereich $\lambda \approx 3$—$15\,\mu m$ durchgeführt.

Ein NERNST-Brenner mit einer Stromaufnahme von 3 Amp. bei 80 Volt Betriebsspannung[1]) stellte die Lichtquelle dar, deren Strahlung mittels eines Fangspiegels scharf auf den Eintrittsspalt des Monochromators fokussiert wurde.

Die Modulation besorgte die für die im folgenden beschriebenen Versuche vertikal gestellte, bereits erwähnte Scheibe mit Synchronmotor.

Bei den Reflexionsmessungen gelangte das den Monochromator verlassende Licht durch einen Schlitz in eine innen hochglanzvergoldete Halbkugel von 250 mm Durchmesser, die auf der dem Eintrittsschlitz gegenüber liegenden Planseite eine runde Öffnung von 40 mm Durchmesser besitzt. Für den Empfänger sind drei wahlweise benutzbare Öffnungen an der Kugelrundung vorgesehen, um durch Kontrollmessungen bevorzugte Reflexionsrichtungen ausschließen zu können. Die nicht besetzten Öffnungen werden jeweils durch einen ebenfalls vergoldeten Bolzen verschlossen.

Bei unbesetztem Austrittsloch trat das modulierte Licht ohne reflektiert worden zu sein aus der Halbkugel aus; dem Empfänger wurde somit keine anzeigbare Energie zugeführt. Die Öffnung wurde dann abwechselnd mit einem goldenen Reflektor, der als Standard diente, und einer möglichst planen Hautstelle, z. B. der Stirn, verschlossen. Das relative Reflexionsvermögen der lebenden menschlichen Haut konnte damit in Prozenten des relativen Reflexionsvermögens der hochglanzpolierten Goldflächen angegeben werden.

Die Ergebnisse mußten im Spektralbereich $\lambda > 2{,}8\,\mu m$ dem wirklichen Reflexionsvermögen der Haut sehr nahe kommen, weil das relative Reflexionsvermögen des Systems selbst bei 97% liegt. Vergleiche gegen Standards, wie Magnesiumoxyd, sind für den interessierenden Spektralbereich den Untersuchungen von SIEBER [52] zufolge nicht sinnvoll, da dieses im Ultrarot ein ausgeprägtes Bandenspektrum besitzt und sein Reflexionsvermögen durch Alterungsprozesse schnell absinkt. Die von JAQUEZ, HUSS, McKEEHAN, DIMITROFF und KUPPENHEIM [30] für das Reflexionsvermögen der Haut angegebenen Werte liegen deshalb oberhalb $\lambda \approx 1{,}5\,\mu m$ bereits zu hoch.

Die eigenen Ergebnisse zeigen, daß das relative Reflexionsvermögen der lebenden menschlichen Haut bei $\lambda \approx 2{,}4\,\mu m$ auf etwa 1% und bei $\lambda \approx 3{,}0\,\mu m$ auf etwa 0,5% absinkt und diesen Wert nach größeren Wellenlängen zu nicht mehr überschreitet. Diese Werte konnten durch Messungen in einer innen mit Silber bedampften Glaskugel mit äquivalenten Öffnungen bestätigt werden.

---

[1]) Hersteller: Dr. L. GLASER, Berlin-Altglienicke, Germanenstr.

Zur Bestimmung der Durchlässigkeit der lebenden menschlichen Haut wurde das Praeputium penis direkt zwischen Monochromator-Austrittsspalt und Bolometer gespannt, wobei vermieden wurde, daß größere Blutgefäßzweige in den Strahlengang gelangten. Unter den gewählten Versuchsbedingungen erreicht die Durchlässigkeit bei $\lambda \approx 1,1\,\mu$m etwa 10%, zeigt bei $\lambda \approx 1,3$ sowie $1,8\,\mu$m schwächer werdende Maxima und einen sehr schwachen letzten Anstieg der Kurve bei $\lambda \approx 2,2\,\mu$m. Die Minima dürften überwiegend durch Wasserbanden bedingt sein. Oberhalb $\lambda \approx 3,5\,\mu$m konnte keine Durchlässigkeit mehr nachgewiesen werden.

Vergleicht man zusammenfassend die erzielten Ergebnisse hinsichtlich des relativen Emissions- und Reflexionsvermögens sowie der Durchlässigkeit der lebenden menschlichen Haut miteinander, so stehen sie in sehr guter Übereinstimmung und lassen die Aussage zu, daß das relative Emissionsvermögen oberhalb $\lambda \approx 4\,\mu$m mit $\varepsilon \geqq 0,99$ angegeben werden kann und die Haut damit eine ausgezeichnete Näherung an einen schwarzen Strahler darstellt.

Da im Spektralbereich $\lambda < 4\,\mu$m nur 0,2% anteiliger Strahlung emittiert werden, spielen die dort gefundenen Transmissions- und Reflexionseigenschaften bei Messungen der Gesamtemission praktisch keine Rolle. Es kann deshalb durch Ermittlung der Ultrarotemission der lebenden menschlichen Haut ohne Berücksichtigung von Korrekturkoeffizienten auf die Hauttemperatur geschlossen werden.

Für die medizinische Diagnostik zeichnen sich somit neue Möglichkeiten ab, durch Nutzung moderner elektronischer Methoden die Temperaturtopographie der Haut innerhalb weniger Minuten ohne Veränderung der physiologischen Verhältnisse, z. B. rasterartig aufzuzeichnen, wie dies in analoger Weise als Scannerverfahren in der Radioisotopendiagnostik seit längerer Zeit bekannt ist. Es wird schließlich möglich sein, die umfangreichen Mitteilungen über Hauttemperaturveränderungen, die sich in der Fachliteratur finden lassen, auf ihren realen Wert hin zu überprüfen und den Anwendungsbereich sowie die Grenzen einer klinischen Ultrarotdiagnostik festzulegen.

Zusammenfassung

Nach einem kurzen Überblick über rund 75 Jahre Literatur zum Thema „Temperaturstrahlung des Menschen" werden eigene Meßergebnisse über das relative Emissionsvermögen der lebenden menschlichen Haut im ultraroten Spektralbereich bis etwa $\lambda = 25\,\mu$m vorgelegt und durch Kontrollmessungen des relativen Reflexionsvermögens sowie der Durchlässigkeit bis $\lambda \approx 15\,\mu$m ergänzt. Abgesehen vom kurzwelligen Schenkel bis knapp $\lambda = 4\,\mu$m, der jedoch weniger als 0,2% der abgestrahlten Gesamtenergie liefert, kann die Haut als praktisch schwarzer Strahler angesehen werden. Über mögliche Fehlerquellen, die zu gegensätzlichen Literaturmitteilungen geführt haben, wird diskutiert und abschließend auf die Nutzbarkeit der Ergebnisse für die Medizin eingegangen.

Literatur

[1] ALDRICH, L. B., Smiths. Miscell. Collect., **72** (1922) H. 13/1.
[2] ders., dto. **81** (1928) H. 6/1.
[3] ders. dto., **85** (1932) H. 11/1.
[4] BEDFORD, T. u. WARNER, C. G., J. Hygiene **34** (1934) 81.
[5] BOHNENKAMP, H. u. ERNST, H. W., Pflügers Archiv **228** (1931) 40.
[6] dies., dto. **228** (1931) 63.
[7] BOHNENKAMP, H. u. PASQUAY, W., dto. **228** (1931) 79.
[8] BÜTTNER, K., Strahlentherapie **58** (1937) 345.
[9] BUCHMÜLLER, K. u. FRÄGER, H., Dtsch. Gesundheitswes. **13** (1958) 485.
[10] CHRISTIANI, A. u. KRONECKER, H., Pflügers Archiv (1878) 334.
[11] CHRISTIANSEN, S. u. LARSEN, T., Skand. Archiv. Physiologie **72** (1935) 11.
[12] COBET, R., Erg. Physiologie **25** (1926) 439.
[13] COBET, R. u. BRAMIGK, F., Dtsch. Archiv klin. Med. **144** (1924) 45.
[14] CZERNY, M., Physikal. Zeitschr. **45** (1944) 207.
[15] CZERNY, M., KOFINK, W. u. LIPPERT, W., Annalen Physik **6**. Folge 8 (1950) 65.
[16] v. DIETRICH, H., Z. Naturforschung 11b (1956) 174.
[17] EICHHORST, H., Wiener Med. Wochenschr. (1885) 1250.
[18] FALTA, W., Zeiss-Nachrichten (1956) 193.
[19] FRÄGER, H., Med. Dissertat. Humboldt-Univ., Berlin 1959.
[20] FRIEDENTHAL, H., Klin. Wochenschr. **4** (1925) 1917.
[21] GIER, J. T., DUNKLE, R. V. u. BEVANS, J. T., J. Optic. Soc. Americ. **44** (1954) 558.
[22] HARDY, J. D., J. clin. Investigation **13** (1934) 593.
[23] ders., dto. **13** (1934) 605.
[24] ders., dto. **13** (1934) 615.
[25] HARDY, J. D. u. MUSCHENHEIM, C., dto. **13** (1934) 817.
[26] dies., dto. **15** (1936) 1.
[27] HARDY, J. D. in Newburgh, L. H. ,,Physiology of Heat Regulation and the Science of Clothing" W. B. Sannders Comp., Philadelphia u. London 1949.
[28] HERSCHEL, W., Philos. Transact. Royal Soc. **90** (1800) 284 u. 437.
[29] HOUBEN-WEYL, ,,Methoden der org. Chemie" Band 3/2, 4. Aufl. 1955 Georg Thieme Verlag, Stuttgart.
[30] JAQUEZ, J. A., HUSS, J., MCKEEHAN, W., DIMITROFF, J. M. u. KUPPENHEIM, H. F., J. Appl. Physiology **8** (1956) 297.
[31] KISCH, F., Wien klin. Wochenschr. **47** (1934) 1135.
[32] KORTUM, H., Jenaer Rundschau **1** (1956).
[33] KUSNEZOWA, A. CH., Medizinski Westnik **22** (1883) 1, 19, 38, 60, 78, 97, 117, 137, 152, 165, 182.
[34] LANGLEY, S. P., Chemical News **43** (1881) 6.
[35] LEHRER, E., Zeitschr. techn. Physik **18** (1937) 393.
[36] ders., dto. **23** (1942) 169.
[37] MASJE, A., Virchows Archiv **107** (1887) 17.
[38] MELLONI, M., Poggendorfs Annalen **28** (1833) 371.
[39] MOSCOVICI, E., Dissertation Paris 1934.
[40] NICOLAI, L., Pflügers Archiv **229** (1931) 372.
[41] ders., dto. **229** (1931) 385.
[42] ders., dto. **263** (1956) 453.
[43] PEPPERHOFF, W., Temperaturstrahlung. Verl. Dr. Dietrich Steinkopff, Darmstadt 1956.
[44] PFLEIDERER, H. u. BÜTTNER, K., Die physiol. und physikal. Grundlagen der Hautthermometrie. Verlag, Johann Ambrosius Barth Leipzig 1935.
[45] PHILIPP, H., Z. physikal. Therapie **38** (1930) 177.

[46] RUBNER, M., Archiv Hygiene **16** (1886) 105.
[47] ders., dto. **17** (1887) 1.
[48] SAIDMAN, J., Compt. rend séanc. Acad. Sciences **197** (1933) 1204.
[49] SCHWAMM, E., Erfahrungsheilkunde **3** (1954) H. 7.
[50] ders., dto. **4** (1955) 481.
[51] ders., Referat Therapiewoche Karlsruhe 3. 9. 1957.
[52] SIEBER, W., Z. techn. Physik **22** (1941) 130 (zit. n. PEPPERHOFF).
[53] SLUITER, E. u. VAN RIJNBERK, G., Neederlandsch Tijdschrift Geneeskunde **70** (1926) 2496.
[54] STEWART, G. N., Studies physiologic. Laborat. Owens College, Manchester I (1891) 102 ref. von FUCHS, S. in Centrbl. Physiologie **5** (1891) 275.
[55] STUMPF, P., Zeitschr. Kurortwiss. **2** (1933) 625.
[56] SVANBERG, A. F., Poggendorfs Ann. **84** (1851) 411.
[57] TELKES, M., Amer. J. Physiology **109** (1934) 105.
[58] VERNON, H. M. u. WARNER, C. G., J. Hygiene **32** (1932) 431.
[59] VOEGE, W., Physikal. Zeitschr. **21** (1920) 288.
[60] ders., dto. **22** (1921) 119.

Aus dem Institut für Medizin und Biologie
der Deutschen Akademie der Wissenschaften zu Berlin, Berlin-Buch
Arbeitsbereich Physik
(Bereichsdirektor: Prof. Dr. Dr. Fr. LANGE)

Globalstrahlungsmessungen

G. VOIGT, Berlin

Es ist bekannt, daß das Sonnenlicht zahlreiche vegetative Umstellungen beim Menschen erzeugen kann. In vielen Fällen ist jedoch unbekannt, welche Wellenlängen bei biologisch wichtigen Vorgängen die entscheidenden sind.

Wir haben uns aus diesem Grunde die Aufgabe gestellt, die Wirkungen der einzelnen Komponenten der Globalstrahlung zu untersuchen, d. h. die direkte Sonnenstrahlung sowie das diffuse Licht der Himmelsstrahlung in einzelne Spektralbereiche zerlegt.

Die Globalstrahlung wird von uns mit der Strahlungsmeßkugel nach LARCHÉ-SCHULZE registriert [1]. Sie ist für Spektralmessungen im UV und dem sichtbaren Bereich geeignet. Abb. 1 zeigt den Aufbau einer LARCHÉ-Kugel: Sie besteht im wesentlichen aus 3 Teilen:

1. der Kugel mit dem Schatter,
2. dem Zwischenring,
3. dem Untersatz.

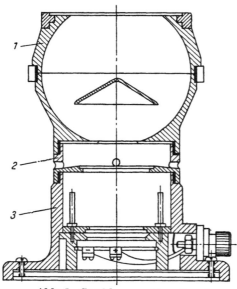

Abb. 1. Strahlungsmeßkugel nach LARCHÉ-SCHULZE.

Durch die Vorsatzkugel soll erreicht werden, daß die ankommende Strahlung proportional dem Cosinus ihres Einfallswinkels auf die Eintrittsöffnung gemessen wird. Die Vorsatzkugel und der Schatter sind innen rauh-matt geweißt. Durch diese Art der Weißung wird die einfallende Strahlung unselektiv und diffus reflektiert. Sie gelangt nach ein- oder mehrfacher Reflexion auf die Unterseite des Schatters und wird von dort nach unten reflektiert, d. h. auf die optischen Filter und das Selen-Photoelement. Die Intensität der einfallenden Strahlung wird durch Vorschalten der Kugel auf 3% des Wertes ohne Kugel vermindert. Der Zwischenring mit einem Deckglas aus dem SCHOTTschen Filterglas WG 8 und einigen Abflußöffnungen dient zum Auffangen von eindringendem Wasser.

Der Untersatz enthält den SCHOTTschen Filtersatz und das Selen-Photoelement. Gegen die Verwendung des Selen-Photoelementes in der Strahlungsmessung werden oftmals Bedenken erhoben, weil diesen Messungen verschiedene Mängel anhaften.

Zuerst wäre hier die *Unproportionalität des Photoelektronenstromes mit der Bestrahlung bei hohen Bestrahlungsstärken* zu nennen. Bei der starken Schwächung des einfallenden Lichtes durch die Vorsatzkugel gibt es seitens der Bestrahlungsstärke keine Gefahr für die Proportionalität.

Ein sehr wesentlicher Punkt ist die *spektrale Empfindlichkeit* der Selen-Elemente. Abb. 2 zeigt die spektrale Empfindlichkeitsverteilung der Selenelemente und die Normalkurve der spektralen Verteilung der Globalstrahlung. Die spektrale Empfindlichkeit nimmt im UV beginnend stetig zu, erreicht bei 550 nm den maximalen Wert und nähert sich schließlich bei 880 nm dem Wert 0. Diese selektive Empfindlichkeit erschwert eine Absoluteichung der ausgefilterten Spektralbereiche, weil diese nicht eng begrenzt sind, sondern eine durchschnittliche Fußbreite von 100 nm haben. Deshalb werden bisher nur Relativwerte angegeben.

Ein weiterer Mangel sind die Ermüdungs- und Alterungserscheinungen sowie die Einflüsse der Luftfeuchtigkeit auf die Empfindlichkeit. Die *Ermüdungserscheinungen*, d. h. Nachlassen der Empfindlichkeit bei hoher Beleuchtungsstärke, treten wegen der starken Schwächung des einfallenden Lichtes nicht auf.

Die *Alterungserscheinungen* der Selen-Photoelemente sind nicht zu umgehen. Wir beziehen die Änderung der Empfindlichkeit in die weitere Auswertung der Registrierung mit ein, indem wir die Strahlungsmeßkugeln mit Hilfe eines Prüfgerätes laufend überwachen (Abb. 3).

Ein geheiztes Wetterschutzgehäuse (Abb. 4) verhindert einen Einfluß der Luftfeuchtigkeit auf das Selen-Photoelement. Es besteht aus einem zylindrischen Gefäß, auf dessen Deckel eine oberflächenrauhe Tempax-Milchglasplatte für sichtbares Licht, oder eine Rotosil-Platte für UV wasser- und luftdicht aufgekittet ist. Die Heizung umgibt das untere Drittel des Gehäuses in Form eines Mantels. Eine Dreistufenschaltung gestattet die Regulierung der Heizung je nach Bedarf. Für den Bereich des sichtbaren Lichtes erfolgt die Registrierung über 6-Farben-Fallbügelschreiber, im UV-Bereich über Spiegelgalvanometer mit photographischer Aufzeichnung.

Auf dem Dach unseres Institutsgebäudes haben wir Strahlungsmeßkugeln für die Spektralbereiche 365, 436, 510, 577, 546 und 623 nm aufgestellt, sowie für die Strahlung, die die Kohlensäureassimilation und die Chlorophyllbildung der Pflanzen hervorruft, und die Bereiche der erythembildenden und der pigmentierenden Strahlung (Abb. 5 und 6). Die Filtersätze wurden diesen Wirkungskurven angepaßt.

Außerdem registrieren noch 4 LARCHÉ-Kugeln mit dem Filtersatz für die chlorophyllbildende Strahlung und den Empfangsflächen vertikal nach den 4 Himmelsrichtungen den Strahlungsempfang senkrechter Flächen.

Im folgenden soll über einige Ergebnisse berichtet werden, die bei der Gegenüberstellung der Strahlungsempfänger für chlorophyllbildende Strahlung der vier

8 Biophysik

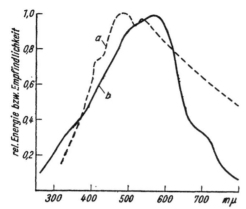

Abb. 2. a) Normalkurve der spektralen Verteilung der Globalstrahlung (n. R. Herrmann, Optik 1947).
b) Spektrale Empfindlichkeitsverteilung der Selen-Photoelemente (Drschr. Zeiss Nr. 40 — 036e — 1 — 1959).

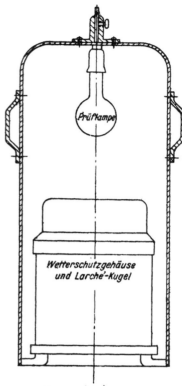

Abb. 3. Prüfgehäuse.

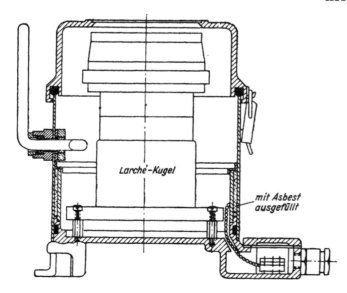

◄ Abb. 4. Wetterschutzgehäuse für Larché-Kugel.

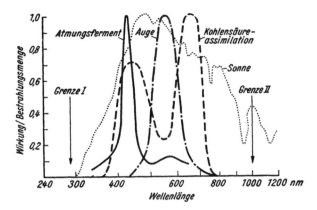

Abb. 5. Wirkungskurven für Kohlensäureassimilation, menschliches Auge und Atmungsferment (aus: SCHULZE, R., Naturwiss. 34 (1947) 242).

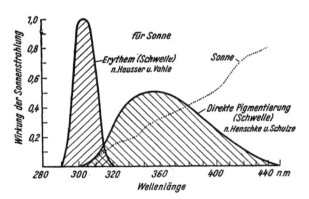

Abb. 6. Wirkungskurve für Erythem und direkte Pigmentierung, bezogen auf die Sonnenstrahlung am Erdboden (aus: SCHULZE, R., Naturwiss. 34 (1947) 242).

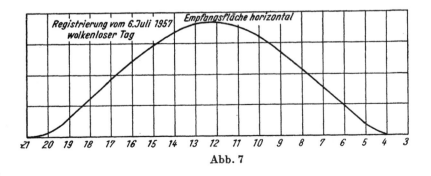

Abb. 7

Himmelsrichtungen und der horizontalen Fläche gewonnen wurden. Das hierbei verwendete Filter WG 1 ist im gesamten sichtbaren Bereich bis etwa 360 nm durchlässig.

Zur Beurteilung des Strahlungsgenusses der verschiedenen Flächen sollen die Registrierungen von einem ungestörten Strahlungstag Verwendung finden. Die Abb. 7 zeigt die Originalregistrierung vom 6. 7. 1957, einem wolkenlosen Tag, für die horizontale Fläche. Die Ordinate ist in Relativwerten angegeben, der absolute Wert liegt in der Größenordnung von 10^{-8} Amp. Das Maximum der Bestrahlungsstärke liegt am Kulminationspunkt.

Die vertikal nach Osten geneigte Fläche empfängt am Vormittag die stärkste Strahlung, am Nachmittag wird naturgemäß nur Himmelsstrahlung registriert. Genau im Gegensatz dazu muß die nach Westen geneigte Fläche stehen, die am Vormittag nur Himmelsstrahlung empfängt und erst ab Mittag, wenn ihre Empfangsfläche von der direkten Sonnenstrahlung getroffen wird, höhere Bestrahlungsstärken aufweist (Abb. 8). Die vertikal nach Süden geneigte Fläche zeigt entsprechend dem Weg der Sonne bis etwa 7^{30} Uhr fast reine Himmelsstrahlung, mit dem Auftreffen der ersten Sonnenstrahlung steigt auch die Intensität der Bestrahlung, die gegen 17^{10} Uhr wieder in eine Registrierung der Himmelsstrahlung übergeht. Noch besser ist der Beginn und das Ende der Aufzeichnung der Sonnen- und Himmelsstrahlung allein an der nach Norden gerichteten Empfangsfläche zu sehen. Ein leichter Anstieg nach Sonnenaufgang ist gegen 7^{30} Uhr schon beendet, anschließend trifft keine direkte Sonnenstrahlung, sondern lediglich Himmelsstrahlung die Empfangsfläche, gegen 17^{10} erreicht wieder direkte Sonnenstrahlung die Strahlungsmeßkugel (Abb. 9).

Um einen Überblick über den Strahlungsempfang vertikaler Flächen im Verhältnis zu einer horizontalen Fläche zu erhalten, wurden die Bestrahlungsstärken der vertikalen Flächen in Prozenten der horizontalen Fläche angegeben. Eine nach Osten geneigte Fläche erhält z. B. in den Vormittagsstunden mehr als 200% der Strahlung, die infolge des niedrigen Sonnenstandes eine horizontale Fläche erhält, am Nachmittag dagegen, wo lediglich diffuse Himmelsstrahlung einfällt, nur ca. 20% (Abb. 10). Die gleichen Verhältnisse, in umgekehrter Reihenfolge, finden sich bei einer vertikal nach West geneigten Fläche (Abb. 11). Eine nach Nord weisende Fläche kommt am frühen Vormittag und späten Nachmittag in den Genuß höherer Bestrahlungsstärken, der weitaus größte Teil des Tages zeigt Intensitäten von 10 bis 15% einer horizontalen Fläche (Abb. 12). Bei der vertikal nach Süd geneigten Fläche beträgt die Bestrahlungsstärke am Mittag rund 50% der Bestrahlung einer horizontalen Fläche (Abb. 13).

Die nächste Abbildung (Abb. 14) zeigt den Jahresgang der Globalstrahlung für eine horizontale Fläche. Der Jahresgang der Horizontalen und der der 4 Himmelsrichtungen unterscheidet sich kaum. Bei allen erfolgt ein steiler Anstieg zum Juni und ein mehr oder weniger steiler Abfall der Bestrahlungsstärke bis Dezember. Interessanter sind die Abbildungen 15 und 16, die den mittleren Jahresgang der vertikalen Flächen im prozentualen Verhältnis zur Horizontalen zeigen.

Globalstrahlungsmessungen

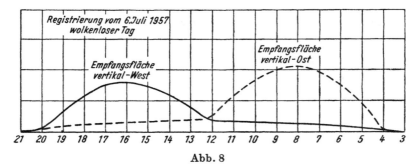

Abb. 8

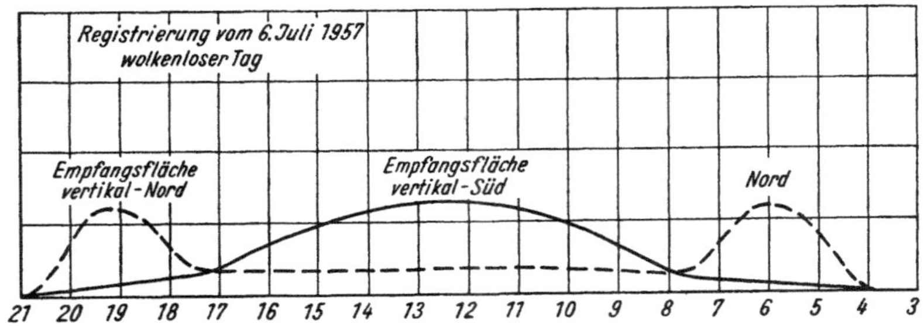

Abb. 9

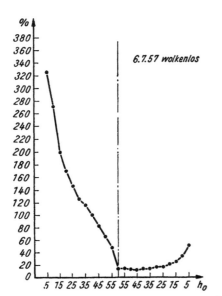

Abb. 10. Bestrahlungsstärke der nach Ost geneigten Fläche in Prozenten der Horizontalen.

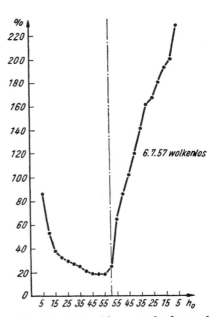

Abb. 11. Bestrahlungsstärke der nach West geneigten Fläche in Prozenten der Horizontalen.

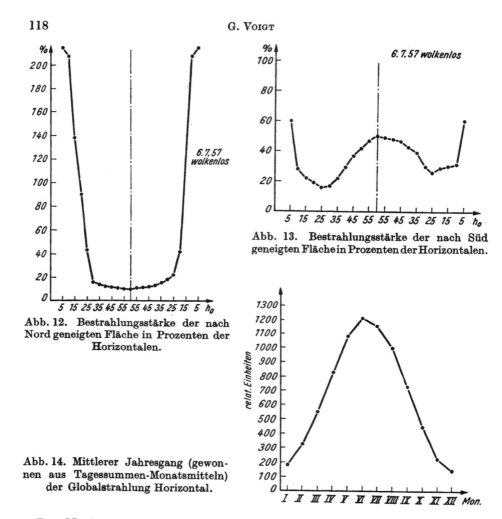

Abb. 12. Bestrahlungsstärke der nach Nord geneigten Fläche in Prozenten der Horizontalen.

Abb. 13. Bestrahlungsstärke der nach Süd geneigten Fläche in Prozenten der Horizontalen.

Abb. 14. Mittlerer Jahresgang (gewonnen aus Tagessummen-Monatsmitteln) der Globalstrahlung Horizontal.

Das Maximum der Bestrahlungsstärke liegt bei allen 5 Empfangsflächen im Juni. Ein Jahresgang im Verhältnis geneigter zu horizontaler Fläche ist lediglich bei der nach Süden weisenden Fläche ausgeprägt. Von April bis Oktober, mit dem Minimum Juni—Juli, liegt das Monatsmittel der Tagessummen unter 100%, d. h., es wird die Bestrahlungsstärke der die Horizontale treffenden Strahlung nicht erreicht. In den Wintermonaten beträgt sie dagegen das Eineinhalb- bis Zweifache mehr.

Von November bis Januar, den Monaten mit der im Jahresverlauf geringsten Strahlungssumme und dem tiefsten Sonnenstand, erreicht die auf die südliche, westliche und nördliche Fläche fallende Strahlung im Verhältnis zur Horizontalfläche ihr Maximum: mit 194% die südliche, mit 60% die westliche und mit 46% die nördliche Fläche. 27% erhält dagegen die nach Osten orientierte Empfangsfläche im Dezember, der geringste Wert, den diese Himmelsrichtung in diesem

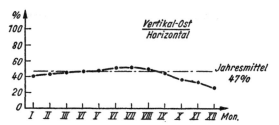

Abb. 15. Mittlerer Jahresgang (Tagessummen-Monatsmittel) der Globalstrahlung von Vertikal-Ost und Vertikal-West in Prozent des Jahresganges der Horizontalfläche.

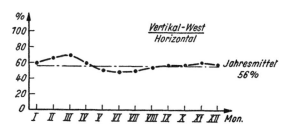

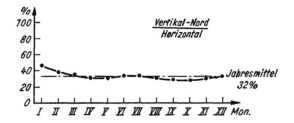

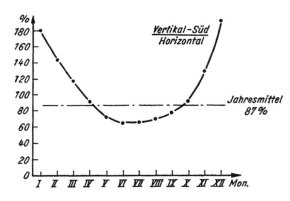

Abb. 16. Mittlerer Jahresgang (Tagessummen-Monatsmittel) der Globalstrahlung von Vertikal-Nord und Vertikal-Süd in Prozent des Jahresganges der Horizontalfläche.

Zusammenhang erreicht und der durch den in diesem Monat späten Sonnenaufgang zustande kommt. Die Minima der übrigen Richtungen liegen bei Süd und West im Juni mit 66% bzw. 49%, bei Nord im September-Oktober mit 28%.

Im Jahresmittel ergeben sich für die 4 vertikalen Flächen folgende Zahlen:

Die östliche Empfangsfläche erhält 47%,
die westliche Empfangsfläche erhält 56%,
die nördliche Empfangsfläche erhält 32% und
die südliche Empfangsfläche erhält 87%

der Strahlung einer horizontalen Fläche.

Diese Registrierungen wurden von uns mit dem Ziel eines späteren Vergleiches des Strahlungsklimas von See, Bergland und Binnenland, in Übereinkommen mit dem Meteorologischen Observatorium Hamburg, durchgeführt.

Literatur

[1] FLEISCHER, R., Geofisica pura e applicata Vol. 26 (1953) 172.
[2] SCHULZE, R., Ber. d. Dtsch. W. D. i. d. US-Zone Nr. 12 (1950) 210.
[3] SCHULZE, R., Annalen d. Met., H. 1—6 (1951) 176.
[4] SCHULZE, R., Ber. d. Dtsch. W. D. i. d. US-Zone Nr. 35 (1952) 277.

Institut für Optik und Spektroskopie
der Deutschen Akademie der Wissenschaften zu Berlin

Das Doppelmikroskop und seine Anwendung auf biologische Probleme insbesondere der Mitose

E. Lau, Berlin

Zunächst wurde die Entwicklung und die Wirkungsweise des Doppelmikroskops beschrieben; es liegen darüber bereits mehrere Veröffentlichungen vor [1—7]. Die dann in großer Zahl gezeigten Aufnahmen von Spermiogenese und Oogenese bei Säugetieren und Menschen geben Erscheinungsformen wieder, die nicht mit den entsprechenden Vorgängen bei Insekten und anderen niederen Tieren in Einklang zu bringen sind. Die Ergebnisse sind veröffentlicht [8, 9].

Literatur

[1] Lau, E. und Schalge, R., Realisierung von extremen lichtoptischen Vergrößerungen und ihre Bedeutung. Z. Feingerätetechnik 7 (1958) 121.
[2] Lau, E. und Rienitz, J., Tagungsbericht „Optik aller Wellenlängen". Akademie-Verlag, Berlin 1959.
[3] Lau, E., Das lichtoptische Doppelmikroskop, Monatsberichte der DAW 1 (1959) 478.
[4] Lau, E., Das Doppellichtmikroskop und Beispiele seiner Anwendung. Feingerätetechn. 9 (1960) 112.
[5] Lau, E., Roose, G. und Schüller, A., Mineralogisch-petrographische Forschungen mit dem Doppelmikroskop nach Lau. Geologie 9 (1960) 426.
[6] Lau, E., Mikroskopische Beobachtungen mit sehr hoher Vergrößerung unter Vermeidung entoptischer Störungen. Bericht über die 3. Tagung der Augenärzte der DDR, Dresden 1959. Verlag Gustav Fischer, Jena 1960.
[7] Lau, E., Das Doppellichtmikroskop. Vortrag auf dem Kongreß „Angewandte Optik". Ztschr. Optik (im Druck).
[8] Lau, E., Untersuchungen über Spermiogenese bei Säugetieren. Monatshefte der DAW 2 (1960) 623—625.
[9] Lau, E., Naturwissenschaftl. Rundschau 14 (1961) 197—200.

Physikalisches Institut der Hochschule für Ackerbau, Wrocław

Der Austausch von P^{32}-Ionen zwischen dem Plasma und den Erythrozyten

S. Przestalski, Wrocław

Die Beobachtung der Austauschabhängigkeit des Radiophosphors zwischen den Erythrozyten und dem Plasma geschieht durch Zugabe der Lösung, die den radioaktiven Phosphor enthält, in das Blut. Es ist zu überlegen, auf welche Weise der Phosphor in die Erythrozyten übergehen kann. Man kann voraussetzen, daß es für Phosphorionen einen Austauschprozeß gibt: die Phosphorionen können sowohl aus dem Plasma in die Erythrozyten als auch in die entgegengesetzte Richtung wandern. Setzen wir am Anfang (vor der Zugabe des Phosphors) folgende Verteilung des Blutphosphors voraus: in den Erythrozyten befanden sich m_e Einheiten des Phosphors und im Plasma m_0 derselben Einheiten des Phosphors. Nach der Zugabe des markierten Phosphors (nichtradioaktiver + radioaktiver P) zur Blutprobe mit der spezifischen Aktivität

$$a = \frac{m_0^*}{m},$$

wo m_0^* die Menge des zugegebenen Radiophosphors, m die Menge des zugegebenen nichtradioaktiven Phosphors ist, so war ein Zuwachs des Phosphors im Blut um $(m + m_0^*)$ zu beobachten (m_0^* ist einige Größenordnungen kleiner als m). Infolge des Austauschprozesses verminderte sich die Menge des radioaktiven Phosphors im Plasma; in den Erythrozyten vergrößert sie sich um Δm^*. Das Quantum nichtradioaktiven Phosphors veränderte sich analog um Δm. Sowohl Δm als auch Δm^* sind so lange veränderliche Größen, wie der Gleichgewichtszustand nicht erreicht wird. Gleichzeitig mit dem Übergang des Radiophosphors in die Erythrozyten im Verhältnis

$$\frac{m_0^* - \Delta m^*}{m_0 + m - \Delta m},$$

findet der Übergang des Radiophosphors aus den Erythrozyten in das Plasma im Verhältnis

$$\frac{\Delta m^*}{m_e + \Delta m}$$

statt. Zwischen diesen Verhältnissen besteht offenbar der Zusammenhang

$$\frac{m_0^* - \Delta m^*}{m_0 + m - \Delta m} = k \frac{\Delta m^*}{m_e + \Delta m}. \tag{1}$$

Der Koeffizient k in der Gleichung (1) ist entweder $k > 1$, nämlich wenn das Gleichgewicht nicht erreicht ist, oder $k = 1$, wenn das Gleichgewicht erreicht wurde.

Falls die Menge des zugegebenen Phosphors m klein ist, verglichen mit der Menge des Phosphors, welcher normal in der beobachteten Blutprobe ist, so kann man die Gleichung (1) folgendermaßen darstellen:

$$\Delta m^* = m_0^* \frac{m_e}{k\,m_0 + m_e}.$$

Wenn wir überdies diese Blutproben immer nach derselben Zeit untersuchen, so können wir voraussetzen, daß k konstant wird. Dann kann man die letzte Gleichung folgendermaßen schreiben:

$$\Delta m^* = A\,m_0^*, \tag{2}$$

wo

$$A = \frac{m_e}{k\,m_0 + m_e} = \text{const}.$$

In diesem Fall soll das Verhältnis des in die Erythrozyten durchgedrungenen Radiophosphors zu der Gesamtmenge des gegebenen Radiophosphors konstant bleiben.

Die entsprechenden Versuche wurden am menschlichen Blut durchgeführt. Es wurde mit Zugabe von Fixiermitteln genommen. Zu der Blutprobe vom Volumen 1 ml wurde P^{32} in Verbindung mit Na_2HPO_4 (gelöst in physiologischer Lösung) zugegeben. Das Volumen der Lösung, welche das Isotop P^{32} enthält, war immer gleich und betrug 0,5 ml. Die Menge des zugegebenen Radiophosphors war verschieden, die Dosen nahmen in bestimmten Graden zu. Anschließend wurde die Menge des gegebenen Phosphors durch die Zugabe des nichtradioaktiven Phosphors P^{31} in der Lösung mit Na_2HPO_4 vermehrt. Nach der Zugabe der bestimmten Menge des Radiophosphors zum Blut und nach Vermischung bestimmte man die Zahl der Impulse in einer Minute für die Blutproben mit Hilfe des G.M.-Zählers. Dann stellte man das Blut für 2 Stunden in einen Thermostaten bei 37 °C. Nach dieser Zeit wurde das Blut zentrifugiert und dann nach Entziehung des Plasmas mit der physiologischen Lösung gespült. Von den zentrifugierten Erythrozyten, welche mit der physiologischen Lösung zu dem Volumen von 1,5 ml ergänzt wurden, bestimmte man die Zahl der Impulse in einer Minute. Die Resultate sind in Tabelle 1 dargestellt.

Die Forschungen umfaßten die Messungen der Abhängigkeit der Permeabilität des radioaktiven Phosphors in die Erythrozyten von den Konzentrationen der zugegebenen Phosphorverbindungen in ziemlich weiten Grenzen. Wenn wir uns nämlich die Menge des Phosphors als die Zahl der Atome vorstellen, veränderten sich die Konzentrationen des zugegebenen Phosphors von $1{,}35 \cdot 10^9$ für 1,5 ml der Blutlösung bis $5 \cdot 10^{19}$ für 1,5 ml Blut.

Da es in 2 Stunden nicht zum Gleichgewicht kommt, möge der Prozeß der Gleichung (2) unterliegen, wenn die Mengen des zugegebenen Phosphors klein sind im Vergleich mit dem Inhalt des nichtorganischen Phosphors im gesamten Blut. Wollen wir einmal den Inhalt des nichtorganischen Phosphors in der Blutprobe vom Volumen 1 ml schätzen. Nach BEST und TAYLOR beträgt der Inhalt des nichtorganischen Phosphors im Blut ungefähr 3 mg%. Überträgt man das auf die

Tabelle 1

Die Abhängigkeit zwischen der Aktivität (A_k) in $\frac{\text{imp}}{\text{min}}$ des Blutes und der Aktivität (A_e) der Erythrozyten

Die Menge von P^{32} μC	Die Menge von P^{31} ml	A_k $\frac{\text{imp}}{\text{min}}$	A_e $\frac{\text{imp}}{\text{min}}$	$\frac{A_e}{A_k}$ %
0,025	0	88	28	32
0,250	0	589	203	34
0,250	10^{-6}	503	184	36
0,250	10^{-3}	530	180	34
0,250	0,041	565	177	31
0,250	0,062	501	141	28
0,250	0,125	574	156	27
0,250	0,250	558	141	25
0,250	2,500	555	52	9

Zahl der Atome oder Ionen des Phosphors, welche in 1 ml enthalten sind, so bekommen wir eine Zahl von der Größenordnung 10^{17}. Dagegen befindet sich in 1 μC des Radiophosphors die Atomzahl von der Größenordnung 10^{19}. Die Resultate der Messungen, welche in der Tabelle 1 enthalten sind, sollen also der Abhängigkeit (2) unterliegen, wenn die Menge des zugegebenen Phosphors nicht 10^{-3} ml überschreitet. Um sich davon zu überzeugen, wollen wir für unsere Daten die Verhältnisse zwischen der Aktivität der Erythrozyten und der Aktivität des gesamten Blutes für verschiedene Konzentrationen berechnen. Die Resultate sind auch in der Tabelle 1 dargestellt.

Es ist ersichtlich, daß in der Tat das Verhältnis in breiten Grenzen, beginnend mit den Minimalkonzentrationen bis zur Konzentration von 0,041 ml 0,1 n Lösung Na_2HPO_4, konstant bleibt.

Die methodische Folgerung besteht darin, daß in den Grenzen der Konzentrationen, welche für Gleichung (2) richtig sind, das Verhältnis der Erythrozytenaktivität zur Anfangsaktivität konstant bleibt, unabhängig von der Konzentration des zugegebenen Phosphors. Die Veränderung dieses Verhältnisses, wenn andere Bedingungen unverändert bleiben, kann eventuell irgendeine Störung des Prozesses beweisen.

Zum Beispiel wurde die obengeschilderte Methode unter anderem zur Bestimmung der Veränderung des Verhältnisses N_0/N_k im konservierten Blut in Abhängigkeit von der Zeit benutzt. Die einzige Modifikation der Methodik bestand darin, daß man die Abnahme des Radiophosphors aus dem Plasma anstatt seine Zunahme in den Erythrozyten gemessen hat. Die ersten Einleitungsmessungen bezogen sich auf 4 Blutproben, die von verschiedenen Blutgebern genommen wurden. Man untersuchte die Veränderungen N_0/N_k (wo N_0 die Zahl der Impulse in einer Minute für die Plasmaprobe ist) in einer Zeit von 4 Wochen. Die Resultate sind in Tabelle 2 dargestellt.

Wie aus dieser Tabelle 2 hervorgeht, ist die Veränderung des Verhältnisses N_0/N_k sehr deutlich, und man kann daraus Schlüsse über den Zustand des Blutes ziehen.

Tabelle 2
Die Veränderungen des Verhältnisses N_0/N_k mit der Zeit

Nr.	Woche				
	0	1	2	3	4
	N_0/N_k				
1	29,0	32,1	48,7	82,2	87,2
2	28,4	39,3	46,6	68,3	83,3
3	29,1	30,4	32,2	60,1	77,0
4	30,5	40,9	38,9	63,4	78,0

Aus der Abteilung Biophysik der Karl-Marx-Universität Leipzig

Schlagvolumenbestimmung aus dem Ballistokardiogramm

M. Rödenbeck, Leipzig

Zur Durchführung einer objektiven Diagnose ist es erforderlich, möglichst viele charakteristische Größen in Bau und Funktion des menschlichen Körpers einer objektiven Messung zugänglich zu machen, wobei nur eine möglichst geringe Belästigung des Patienten gefordert werden muß.

Hier eröffnet sich nun ein weiteres Aufgabengebiet der Biophysik darin, den Zusammenhang zwischen meßtechnisch zugänglichen, jedoch meist recht uncharakteristischen Größen und den für bestimmte Funktionen charakteristischen Größen zu finden. Zu den für das Kreislaufsystem charakteristischen Größen gehört auch das Schlagvolumen des Herzens, also die Blutmenge, die bei einer Herzaktion von einer Herzhälfte in das angrenzende Gefäßsystem ausgeworfen wird. Bisher sind bereits die verschiedensten Verfahren zu seiner Bestimmung entwickelt worden. Hierher gehören einmal die gasanalytischen Methoden, bei denen der Konzentrationsunterschied des Testgases im Blut vor und nach Durchgang durch die Lunge und der Verbrauch des Gases in der Lunge gemessen wird. Ähnlich arbeiten auch die Farbstoffverfahren. Nachteilig ist dabei in jedem Fall der zur Blutentnahme bzw. Farbstoffinjektion erforderliche Eingriff. Ausgehend von der Windkesseltheorie des arteriellen Systems sind verschiedene Formeln angegeben worden, die es gestatten, aus dem registrierten Druckablauf, oder meist einfacher aus den Werten von systolischem und diastolischem Blutdruck und der Pulswellengeschwindigkeit der Aorta das Schlagvolumen zu berechnen. Die Umgehung des Eingriffes gegenüber den gasanalytischen Methoden wird jedoch mit einer Vergrößerung der Unsicherheit der Aussage erkauft.

In neuerer Zeit sind Versuche unternommen worden, das Schlagvolumen aus dem Ballistokardiogramm zu bestimmen. Es soll hier untersucht werden, inwiefern dies möglich ist.

Ballistokardiographie stellt die Registrierung von periodischen Schwerpunktverlagerungen des menschlichen Körpers dar, die durch die Herztätigkeit hervorgerufen werden. Sie dient dazu, qualitative oder auch quantitative Aussagen über Zustand und Arbeitsweise des Kreislaufsystems zu gewinnen. Da die entscheidendsten und aufschlußreichsten Massenverlagerungen in Richtung der Körperlängsachse erfolgen, wollen wir uns auf die Betrachtung der Bewegungen in dieser Richtung beschränken. Wir denken uns zu diesem Zweck den Körper so gelagert, daß er sich in Richtung der Körperlängsachse kräftefrei bewegen kann, während Bewegungen in allen anderen Richtungen vollständig unterbunden sein sollen.

Die praktische Erfüllung dieser Forderung wirft natürlich eine Reihe registriertechnischer Probleme auf, auf die wir hier jedoch nicht eingehen wollen.

Die Konturen des Körpers, insbesondere das Skelett, werden sich nun im Rhythmus der Herzaktion geringfügig hin und her bewegen. Die beobachteten Auslenkungen liegen in der Größenordnung von 0,1 mm. Ursachen dafür sind rhythmische Verschiebungen der Blutverteilung im Körper infolge der Elastizität der Blutgefäße, Verlagerungen des Herzmuskels und größerer Gefäße und sekundäre Verlagerungen anderer Organe, Organ- oder gar Körperteile (Resonanzeffekte).

Eine aussichtsreiche quantitative Behandlung, speziell die Bestimmung des Schlagvolumens, ist nur möglich, wenn die Verlagerungen des Herzmuskels und der anderen Organe gegenüber den Blutverschiebungen in den Gefäßen vernachlässigt werden können. Wir wollen das für die weiteren Überlegungen voraussetzen, obwohl diese Annahme doch einigermaßen bedenklich erscheint. Immerhin lassen die Veränderungen des BKGs bei Aortenisthmusstenose und im Verlauf des natürlichen Alterns erkennen, daß die Blutverlagerungen im arteriellen System in überwiegendem Maße an den resultierenden Schwerpunktverlagerungen des Körpers beteiligt sind.

Zur mathematischen Behandlung des Problems betrachten wir die im Körperquerschnitt im arteriellen bzw. venösen System pro Längeneinheit, gerechnet in der Körperlängsachse, enthaltene periodisch schwankende Blutmenge abzüglich einer gewissen Grundfüllung und bezeichnen sie mit $a(z, t)$ bzw. $v(z, t)$ (z körperfeste Koordinate in Körperlängsrichtung mit dem Ursprung im linken Ventrikel, t Zeit). Das Moment der Massenverteilung wird dann

$$m_0\, s(t) = \int_{z_1}^{z_2} z\, a(z, t)\, dz + \int_{z_1}^{z_2} z\, v(z, t)\, dz + z_f\, m_f(t)\,.$$

$m_f(t)$ ist die in den Vorhöfen enthaltene Blutmenge, z_f die Schwerpunktsdistanz zwischen dem Inhalt der Vorhöfe und dem der Kammern. Führt man für arterielles und venöses System Schwerpunkte der mittleren Speicherung z_a bzw. z_v durch die Beziehung

$$\int_{z_1}^{z_2} (z - z_a) \int_0^T a(z, t)\, dz\, dt = 0$$

ein, so ergibt sich

$$m_0\, s(t) = H(t) + z_a\, m_a(t) + z_v\, m_v(t) + z_f\, m_f(t)\,.$$

Dabei ist $H(t)$ eine Funktion, die im Zeitmittel und bei unendlich großer Pulswellengeschwindigkeit identisch verschwindet. Sie ist im wesentlichen vom Verhältnis der Herzfrequenz zur Frequenz der Grundschwingung des arteriellen Systems abhängig. m_a und m_v sind die zur Zeit t im arteriellen bzw. venösen System enthaltenen Blutmengen.

Unter Annahme konstanten peripheren Abstroms aus dem arteriellen System lassen sich die arterielle und venöse Seite getrennt behandeln. Die Zeitabhängigkeit von m_a, m_v und m_f ist im wesentlichen durch die Herztätigkeit bestimmt, so daß sich diese Ausdrücke in Produkte aus dem Schlagvolumen m_0 und zeitabhängigen Einheitsfunktionen $E_a(t)$, $E_v(t)$ und $E_f(t)$ zerlegen lassen, die in gewisser Näherung als physiologisch gegeben betrachtet werden können. Für $E_a(t)$ hat man dabei auf Grund der Herztätigkeit etwa folgendes Bild zu erwarten:

Der diastolische Abfall ist in der gleichen Näherung eine Gerade, in der man den peripheren Abstrom als konstant betrachten kann. Vernachlässigt man nun noch den Einfluß der Vorhöfe und der venösen Seite, so erhält man schließlich:

$$m_0\, s(t) = H(t) + m_0\, z_a\, E_a(t)\,.$$

Bei $H(t)$ handelt es sich gewissermaßen um während der Systole angestoßene Eigenschwingungen im Gefäßsystem, von denen wir annehmen wollen, daß sie am Ende der Diastole in ausreichender Näherung auf 0 abgeklungen sind. Ist die in $E_a(t)$ zunächst willkürliche additive Konstante so gewählt, daß das absolute Minimum — es liegt zeitlich kurz nach Beginn der Systole — gleich 0 ist, dann zeichnet sich folgendes Verfahren der Schlagvolumenbestimmung ab:

$m_0\, s(t)$ stimmt bis auf eine additive Konstante c mit dem praktisch gewonnenen BKG $M\, x(t)$ (M Körpermasse, $x(t)$ Tischauslenkung) überein. Man subtrahiert also von $M\, x(t)$ den mit dem gesuchten Faktor m_0 versehenen bekannten Ausdruck $z_a\, E_a(t)$ und eine weitere Konstante c, die so zu bestimmen ist, daß diese Differenz am Ende der Diastole verschwindet ($H(t) = 0$ am Ende der Diastole). Danach bestimmt man m_0 so, daß diese Differenz auch noch im Zeitmittel verschwindet. Praktisch wird man die zeitliche Mitteilung damit durchführen, daß man eine ausgleichende Gerade in den diastolischen Abfall des BKGs legt. Aus dem Abstand x_0 dieser Geraden von der entsprechenden Geraden der nächsten Herzaktion berechnet sich dann das Schlagvolumen zu

$$m_0 = M\, \frac{x_0}{z_a}\,.$$

Die vorstehenden Überlegungen lassen erkennen, daß eine näherungsweise Bestimmung des Schlagvolumens aus dem BKG sicher möglich ist, daß man die erhaltenen Ergebnisse jedoch mit großer Vorsicht bewerten muß. So ist der Schluß aus einer Vergrößerung des ballistokardiographisch bestimmten Schlagvolumens auf eine Vergrößerung des wirklichen Schlagvolumens nur dann zulässig, wenn man gleichzeitig einwandfrei nachweisen kann, daß sich außer dem Schlagvolumen nichts am Kreislaufsystem geändert hat, insbesondere dürfen sich die elastischen Eigenschaften der Gefäße z. B. durch Veränderung des Tonus der Gefäßmuskulatur nicht verändert haben, da das eine Veränderung der Größe z_a nachsichzieht. Andere bereits angewandte Verfahren z. B. nach KLENSCH bieten noch den Nachteil, daß sie von bestimmten Kurvenamplituden im BKG ausgehen, die über die Funktion $H(t)$ überdies noch von der Herzfrequenz abhängen.

Auch dieses Verfahren zeigt also die meist mit dem Vorteil einer nur geringfügigen Belästigung des Patienten verbundene Unsicherheit quantitativer Aussage. Eine erfolgreiche und sichere Anwendung solcher unblutiger Schlagvolumenbestimmungen kann also nur in der gleichzeitigen Verwendung mehrerer derartiger Verfahren, die weitgehend voneinander unabhängig sein müssen, bestehen.

Literatur

HAAS, H. G. u. KLENSCH, H., Pflügers Arch. 262 (1956) 107.
NOORDERGRAAF, A., Diss. Utrecht 1956.
HAAS, H. G., Diss. Bonn 1955.
NICKERSON, J. L., Am. J. Cardiol. 2 (1958) 642.
RÖDENBECK, M. in Beier, W., Physikal. Grundl. d. Med., Leipzig, im Druck.
HARTLEB, O., Verh. Dtsch. Ges. Kreislaufforschg. 24. (Darmstadt 1958) 200.
WEISSBACH, G., Diss. Leipzig 1958.

Aus der Abteilung für Biophysik an der Medizinischen Fakultät
der Karl-Marx-Universität Leipzig
(Leiter: Prof. Dr. W. BEIER)

Zelltrennung bei Oxytrichiden

O. LUKAS, F. PLIQUETT, I. SAUER, Leipzig

Einleitung

Die Untersuchung der Physik bzw. der physikalischen Eigenschaften des lebenden Protoplasmas erfordert eine Abwandlung der üblichen physikalischen Methoden. Einmal spielt sich, wenn man mit einer lebenden Einzelzelle arbeitet, alles in sehr kleinen Dimensionen ab, auf die man makroskopische Meßmethoden nicht einfach übertragen darf, da die im Makroskopischen gemachten Voraussetzungen hier nicht ohne weiteres gelten. Andererseits kann man die Umweltverhältnisse nur in den Grenzen ändern, in denen das Protoplasma lebensfähig bleibt. Unter Beachtung dieser beiden Punkte könnte man nach folgendem Schema verfahren:

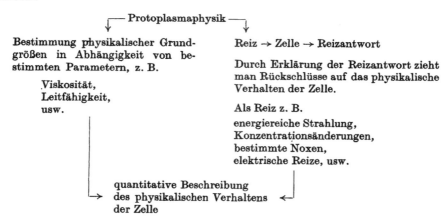

Wir berichten hier über 2 Experimente, bei denen wir als Reiz

1. Rohrzuckerlösung
2. Variation der Konzentration des Kulturmediums

verwenden.

Material und Methode

Als Versuchszellen benutzen wir Oxytrichiden. Für die Zucht dieser Tiere hat sich folgendes Verfahren als günstig erwiesen: Die Tiere befinden sich in einem Sieb, welches sich im Kulturmedium, einem gewöhnlichen Heuaufguß, befindet.

Täglich wird das Sieb mit gefiltertem Kulturmedium durchspült, um schädliche Abbauprodukte aus der Umgebung der Tiere zu entfernen. Als Futter verwenden wir Eipulver.

Eine gewisse Schwierigkeit besteht darin, die Tiere ohne zuviel Kulturmedium in die Versuchsflüssigkeit zu bringen. Wir stellen zu diesem Zweck möglichst feine Kapillaren her, saugen die Tiere an, entfernen die Kulturflüssigkeit bis auf eine kleine Umgebung um das Tier und bringen dann das Tier in die Versuchsflüssigkeit. Der Fehler, der durch Verdünnung bzw. Verunreinigung der Versuchsflüssigkeit durch die miteingebrachte Kulturflüssigkeit (ca. 10 faches Volumen des Tieres) hervorgerufen wird, kann auf diese Weise vernachlässigbar klein gehalten werden.

Oxytrichiden und Rohrzucker

1. Der Vorgang der „Zelltrennung"

Durch geeignete Zugabe von Rohrzucker zu dem oxytrichidenhaltigen Kulturwasser oder durch Einbringen der Tiere in eine Rohrzuckerlösung bestimmter Konzentration (10 g/100 ml) läßt es sich erreichen, daß sich der Zellkörper in zwei Teile trennt, wobei der Vorderkörper bewegungslos liegenbleibt und sich meist bald zersetzt, während der Hinterkörper anscheinend unbeschädigt davonschwimmt und die Rißstelle abrundet. Zur Unterscheidung von der natürlichen Zellteilung sprechen wir von Zelltrennung.

2. Der Mechanismus der Zelltrennung

Zunächst setzen wir uns mit der Frage auseinander, ob die Zelltrennung auf osmotischer Ursache beruht. Selbstverständlich spielen sich am Zellkörper osmotische Vorgänge ab. Sie können aber nicht als die eigentliche, den Effekt auslösende Ursache aufgefaßt werden. Als erstes Gegenargument erweist sich schon die Tatsache, daß bei keiner der beobachteten Zelltrennungen bisher ein Fall unterlief, bei dem der Vorderleib überlebte, während der Hinterleib abgetötet wurde. Wenn man rein osmotische Ursachen heranziehen wollte, so müßte man neue, ad hoc gewählte Voraussetzungen treffen — z. B. verschiedene Membranpermeabilität vorn und hinten — die aber erst experimentell erwiesen werden müßten und von vornherein nur geringe Wahrscheinlichkeit für sich buchen könnten. Für die Osmose wäre die Unterscheidung zwischen vorn und hinten unverständlich.

Zudem bieten einwandfrei auf Osmose beruhende Erscheinungen ein gänzlich anderes Bild. Bei Zugabe von Eisenchlorid z. B. an Stelle von Rohrzucker stellen bei nicht zu geringen Konzentrationen die Tiere ihre Wimperntätigkeit ein und bleiben bewegungslos am Ort liegen, ohne daß sich die Körperkonturen zunächst verändern, bis nach Sekunden der Hinterleib zu schwellen beginnt und sich zu einer völligen Kugel abrundet.

Kupfer- und Eisensalze fällen das Ektoplasma und bilden semipermeable Membranen. Da das Innere der Protistenzelle hypertonisch gegenüber dem Kulturmedium ist, so führt der von außen nach innen gerichtete Wasserfluß zur Schwellung, vorausgesetzt, daß die wasserausscheidende Tätigkeit der pulsierenden Vakuolen außer Betrieb gesetzt wird, was für das verendete Tier ja zutrifft. Gerade der Hinterleib zeigt sich anfällig für Schädigungen aus osmotischen Einflüssen.

Weiterhin verweisen wir auf die Untersuchungen von FRISCH [2]. Seine Untersuchungen erstrecken sich auf Süßwasserciliaten und ihre Anpassung an Seewasser. Sonderbarerweise wird das Zellinnere der Ciliaten hypertonischer, wenn das Außenmedium hypertonischer wird, im Gegensatz zu plasmolytischen Erscheinungen bei der Pflanzenzelle. Die lebende Protistenzelle verfügt über die Fähigkeit, mittels der pulsierenden Vakuole und der Tätigkeit des Cytostoms den Wasserstrom durch das Cytoplasma innerhalb vernünftiger Grenzen konstant zu halten. Die winzig kleine Zelle dieser Ciliaten bietet also das Beispiel eines interessanten Regelkreises, der das Tier weitgehend gegen Gefahren schützt, die vom osmotischen Zustand des Außenmediums und seinen Schwankungen herrühren könnten.

Eine weitere Beobachtung, die einer Erklärung der „Zelltrennung" aus osmotischen Ursachen widerspricht, wurde gelegentlich einer Konjugation gemacht. Bei einer Konjugation legen sich bekanntlich die Mundöffnungen zweier Tiere zusammen und verschmelzen für eine geraume Zeit. Weder durch geringe noch durch starke Konzentrationen von Rohrzucker ließen sich irgendwelche Veränderungen an den Tierkörpern erzeugen, geschweige denn eine Zelltrennung der beschriebenen Art herbeiführen. Der Regelkreis zur Konstanthaltung des Wasserflusses durch das Cytoplasma bleibt intakt, und dem Eindringen der Noxe über das Cytostom ist durch den Verschluß der Mundöffnung vorgebeugt.

Aus alledem folgt, daß die Zelltrennung nicht auf Osmose beruht. Man muß vielmehr annehmen, daß die schädigende Wirkung durch den über das Cytostom aufgenommenen Rohrzucker zunächst im Cytoplasma in der Umgebung der Mundöffnung, also vorn, erfolgt, das funktionsuntüchtig wird, soweit der Zucker eindringt.

Da die pulsierende Vakuole des Hinterleibs in nicht geschädigtem Cytoplasma liegt, so bleibt bis zu einem gewissen Grade der erwähnte Regelkreis für den Hinterleib erhalten und beseitigt die aus der Osmose etwa drohenden Gefahren, d. h., der Hinterleib überlebt. Damit klären sich auch die Fragen nach dem Verhalten der Kerne bei Zelltrennung. Im großen und ganzen enthält der überlebende Hinterleib die Kerne. Es unterliefen aber auch vereinzelte Fälle, die es zweifelhaft erscheinen ließen, ob nicht doch ein Kern im abgetöteten Vorderleib enthalten sein könnte, vor allem wenn sich die Trennung verhältnismäßig weit hinten vollzog. Man muß jedoch bedenken, daß es sich immer um Großkerne handelte, denen somatische Funktionen zukommen, Funktionen, die aber nur in Verbindung mit lebendem Cytoplasma wirksam werden können. Aber gerade das trifft für den abgetöteten Vorderleib nicht zu. Ein an sich gesunder Kern in totem Cytoplasma kann seinen Zweck nicht erfüllen. Eine Bestätigung für diese Auffassung kann man in folgendem sehen: Es kommt vor, daß die Zelltrennung sehr weit hinten erfolgt. Häufig sieht man dann knapp an der Rißstelle oder sogar aus der Rißstelle herausragend einen Kern. In einem solchen Falle hat auch der Hinterleib keine besonderen Überlebensaussichten. Die Funktionen erlöschen schnell, wenn der Plasmamantel um den Kern beträchtlich in Mitleidenschaft gezogen wird.

Die Zelltrennung hatte sich kurz vorher vollzogen und das Tier schwamm rückwärts, also mit dem caudalen Ende vorweg, von oben nach unten in das Blickfeld ein, den abgetrennten Vorderleib an einem Protoplasmafaden nach sich ziehend. Im Vorbeistreifen an dem am weitesten oben sichtbaren Pflanzenteilchen riß der Protoplasmafaden durch, und beide Teile, Vorder- wie Hinterkörper, blieben nach einer kurzen Wegstrecke (rd. 300 Mikron) bewegungslos liegen und verfielen baldiger Zersetzung. In dem mittleren Teile — es ist der Vorderleib der Oxytrichide — hat die Zersetzung bereits ziemliche Fortschritte gemacht. Hart an der Rißstelle des am weitesten unten sichtbaren Hinterkörpers und offensichtlich z. T. in „angegriffenem" Cytoplasma liegend zeichnet sich der Großkern ab. Der überlebende Hinterleib rundet die Rißstelle ab. Eine etwaige zweite Trennung, die sich am Hinterleib vollziehen könnte, wurde nie beobachtet und ist auch ganz unwahrscheinlich, solange dieser Teil des Tieres sich im rohrzuckerhaltigen Wasser befindet. Ob sich eine weitere Teilung erzielen läßt, falls man den Hinterleib aus diesem Medium herausnimmt und in reines Wasser überträgt, müssen weitere Versuche ergeben. Der Mechanismus der Zelltrennung durch Rohrzucker besteht also — kurz gesagt — darin, daß ausgehend vom Cytostom das Cytoplasma seine Funktionstüchtigkeit einbüßt, daß weiterhin die Schädigung sich nur verzögert auf den Hinterleib ausdehnt, ja sogar in der Mitte des Ciliatenkörpers eine für Rohrzucker nicht ohne weiteres zu übersteigende Schranke findet, so daß genügend Zeit bleibt, durch die mechanische Tätigkeit der Cilien und Zirren am Hinterleib die Trennung zu bewerkstelligen.

Der interessanteste und z. Z. noch ungeklärte Teil des Problems liegt begreiflicher Weise im Reaktionsmechanismus zwischen Rohrzucker und Cytoplasma des Vorderleibs. Man sollte erwarten, daß sich die Zelle den Rohrzucker als Energiequelle dienstbar machen würde; statt dessen tritt eine so schwere Schädigung ein, wie es die Zelltrennung darstellt. Für die Forschung zeichnet sich jedoch die Möglichkeit ab, aus der Struktur der Noxe und der Zelltrennung als Test Rückschlüsse auf das Protoplasma der lebenden Zelle zu ziehen. Da auch bei Fruktose der gleiche Effekt beobachtet werden konnte, soll für die nächste Zukunft die Frage geklärt werden, ob sich der Effekt etwa mit dem furanoiden Ring, der ja auch in der Ribose vorkommt, in Zusammenhang bringen läßt.

Wirkung der Variation der Konzentration des Kulturmediums auf Oxytrichiden

Neben der oben geschilderten Zelltrennung, hervorgerufen durch Rohrzucker, wurde von uns noch eine andere, sehr interessante Erscheinung beobachtet. Gibt man einen Tropfen des Kulturmediums, in dem sich einige Oxytrichiden befinden, auf den Objektträger und läßt den Tropfen dann langsam eintrocknen, oder erniedrigt man die Konzentration der im Kulturmedium gelösten Stoffe durch Zugabe von destilliertem Wasser stark, so wird man in einigen Fällen den im folgenden näher geschilderten Vorgang studieren können.

Die Vitalität der Tiere nimmt ab. Dabei verstehen wir unter Vitalität eine Größe, die qualitativ die Bewegung, Wimperntätigkeit, Regelmäßigkeit des Wimpernschlages usw. beinhaltet. Nach einiger Zeit reißen die Oxytrichiden in der Gegend des Cytostoms auf. Der Riß verbreitet sich dann, und durch weitere Abspaltung von Protoplasma entstehen recht groteske Formen, die teilweise an Seepferdchen erinnern. Damit ist der Abspaltungsprozeß aber noch keineswegs beendet. Nach und nach zerfallen die geschädigten Tiere weiter, wobei im Falle der Konzentrationserhöhung immer nur ein Bruchstück der Tiere für längere Zeit weiter am Leben bleibt. Im Falle der Konzentrationserniedrigung leben gewöhnlich alle Bruchstücke weiter. Die lebenden Teile des Protoplasmas, die am Ende übrig bleiben, sind teilweise sehr klein. Wie von uns wiederholt festgestellt wurde, enthalten sie häufig keinen Zellkern mehr. Trotzdem können sie aber, wenn man dafür sorgt, daß das Kulturmedium nicht völlig eintrocknet, noch stundenlang weiterleben, wobei wir unter „leben" bei allen unseren Untersuchungen verstanden haben, daß sich die Tiere bewegen, daß ihre Cilien schlagen. Es ist nicht verwunderlich, daß durch das Zerreißen der Zellen und das Entstehen von Bruchstücken auch der Bewegungsablauf gestört wird. Da die Bruchstücke eine weit geringere Masse besitzen als das vollständige Tier, bewegen sie sich im allgemeinen schneller. Häufig kommt es vor, daß die Cilienbesetzung der Bruchstücke nicht symmetrisch oder überhaupt nur auf einer Seite vorhanden ist. Dann ist die Folge eine rotierende Bewegung um den Schwerpunkt. Man kann auch beobachten, daß die Koordinierung des Cilienschlages, wie sie durch die Neuroneme bewirkt wird, gestört ist. Dann kommt das Tier trotz kräftiger Bewegung der Cilien nicht oder kaum noch von der Stelle.

Wodurch werden diese Veränderungen nun eigentlich bewirkt? Beim Eintrocknen eines Kulturtropfens erhöht sich allmählich die Konzentration aller in ihm enthaltenen Stoffe. Dadurch nimmt einmal der osmotische Wert zu, zum andern steigt aber auch die Konzentration einzelner, den Organismen weniger zuträglicher Stoffe. Es ist naheliegend, daß wir uns bei diesem Sachverhalt die Frage vorlegten, welcher der im Kulturmedium enthaltenen Stoffe wohl für diese Vorgänge verantwortlich gemacht werden könnte. Untersuchungen, die das im einzelnen klären sollen, sind im Gange.

Demnach kann man sagen: Ändert man die Konzentration der im Kulturmedium enthaltenen Stoffe, so nimmt die Vitalität der Oxytrichiden in beiden Richtungen, sowohl bei der Vergrößerung als auch bei der Verringerung der Konzentration, ab. Wird eine gewisse Grenze c bzw. $\bar{c}$ überschritten, so spaltet sich die Zelle in mehrere, unregelmäßig geteilte Bruchstücke, die im Falle geringer Konzentration alle weiterleben, von denen aber im Falle großer Konzentration gewöhnlich nur ein Teil weiterlebt.

Folgendes Schema möge noch einmal eine Übersicht über den Vorgang der Zellspaltung geben:

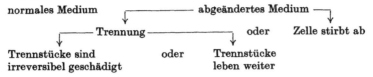

An diese Experimente schließen wir Untersuchungen thermodynamischer und energetischer Art an, die z. Z. noch im Fluß sind und über die zu einem späteren Zeitpunkt berichtet wird.

Zusammenfassung

Wir berichteten über zwei Experimente an lebenden Einzelzellen. Durch Einwirkung verschiedener Faktoren als Reiz auf eine Zelle erhielten wir Zelltrennungen. Während die Einwirkung einer Rohrzuckerlösung von 10 g/100 ml eine Querteilung der Oxytrichiden hervorrief, die immer in gleicher Weise auftritt, findet man als Reizantwort auf die Veränderung der Konzentration des Kulturmediums eine unregelmäßige Zerspaltung der Zelle. Die von uns beobachteten Erscheinungen wurden in einem Film festgehalten, der auf der Arbeitstagung ,,Biophysik" in Berlin vorgeführt wurde.

Literatur

[1] LUKAS, O., Rohrzucker als Noxe bei Oxytrichiden. Phys. Grundl. d. Med., Abhandl. aus der Biophysik, herausg. von Prof. Dr. W. Beier, Heft 1. VEB Georg Thieme, Leipzig 1960.
[2] FRISCH, J. A., The experimental adaptation of Paramecium to sea water. Arch. f. Protistenkunde **93** (1939) 38.

Institut für Meß- und Prüftechnik der Deutschen Akademie der Wissenschaften zu Berlin

Kanalkapazität des Ohres und optimale Anpassung akustischer Kanäle

H. Völz, Berlin

1. Einleitung

Ein wichtiges Kriterium für alle technischen Anwendungen ist ihr Wirkungsgrad. In der Nachrichtentechnik liefert hierzu die Informationstheorie die notwendigen Grundlagen. Da in vielen Fällen unser Ohr das Ende der Nachrichtenkette darstellt, liegt es nahe, das Ohr in diese Betrachtungen einzubeziehen oder sie darauf zu normieren. Im ersten Fall werden dem Ohr Daten eines Nachrichtenkanals zugeordnet, während die zweite Betrachtungsweise zu einer optimalen Anpassung der akustischen Kanäle an unser Ohr führt. Beides ist gleich wichtig und soll in diesem Beitrag behandelt werden.

2. Die Kanalkapazität technischer Übertragungskanäle

Für die Qualität akustischer Übertragungen ist die Kapazität des benutzten Übertragungskanals eine grundlegende Größe. Sie gibt die maximale Zahl der pro Sekunde fehlerfrei übertragbaren Zweierschritte an und hat die Dimension bit/s.

Alle Übertragungskanäle unterliegen Störungen, wodurch jeder übertragene Wert am Ausgang etwas unsicher erscheint. Dadurch existiert eine nur endliche Anzahl unterscheidbarer Amplitudenstufen AS, die über den dyadischen Logarithmus mit den Zweierschritten Z verknüpft sind:

$$Z = ld\, AS. \tag{1}$$

Bei der Bandbreite B hat der Kanal eine Einschwingzeit von $1/2\,B$, folglich beträgt die Kanalkapazität

$$C = 2\,BZ = 2\,B\,ld\,AS. \tag{2}$$

Die einfachen, *klassischen* Kanäle sind durch ihre Störspannung U_s und die größte noch genügend verzerrungsfrei übertragbare Spannung U_g hinreichend gekennzeichnet. Das Verhältnis beider Spannungen ist dann gleich der Anzahl der unterscheidbaren Amplitudenstufen

$$AS_{kl} = \frac{U_g}{U_s}. \tag{3}$$

Nicht alle Kanäle sind so einfach, daß für sie diese Gleichung gilt. Ein typisch abweichendes Beispiel stellt der Magnetbandkanal dar, der vom informationstheoretischen Standpunkt dem Ohr sehr ähnlich ist.

Am Ausgang des Magnetbandkanals erscheint neben der Grundstörspannung U_s noch eine davon unabhängige, statistisch schwankende Störung, deren Amplitude der Signalspannung direkt proportional ist. Dieser Einfluß wird daher als störende Amplitudenmodulation bezeichnet und durch den Modulationsgrad m rechnerisch berücksichtigt. Der Momentanwert U einer Spannung kann bei der Wiedergabe innerhalb des Bereiches $U(1-m)$ bis $U(1+m)$ schwanken. Für die n-te Amplitudenstufe gilt daher der Ansatz

$$(1-m)\, U_{n+1} = (1+m)\, U_n + U_s . \tag{4}$$

Für die mögliche Anzahl unterscheidbarer Amplitudenstufen folgt daraus, wie hier nicht abgeleitet werden soll,

$$AS = \frac{\log\left(\dfrac{U_g}{U_s} + \dfrac{1}{2m}\right) - \log\left(1 + \dfrac{1}{2m}\right)}{\log(1+m) - \log(1-m)} + 1 . \tag{5}$$

Wegen der Kleinheit von m und wegen

$$U_s \ll 2\, m\, U_g \tag{6}$$

ergibt sich eine für die meisten Fälle brauchbare Näherung

$$AS \approx s/2\,g \tag{7}$$

mit

$s = 20 \log(U_g/U_s)$ Störabstand in db,

$g = 20 \log(1+m)$ Amplitudensicherheit in db.

Außer der störenden Amplitudenmodulation hat das Bandgerät noch eine störende Frequenzmodulation mit dem relativen Hub A, die vom Gleichlauffehler herrührt. Ihr Einfluß auf die Kanalkapazität kann durch den Faktor $(1-A)$ berücksichtigt werden. Folglich gilt mit den Gleichungen (2) und (5) bis (7)

$$C_b = 2\,B\,(1-A)\,ld\left(\frac{\log\left(\dfrac{U_g}{U_s} + \dfrac{1}{2m}\right) - \log\left(1 + \dfrac{1}{2m}\right)}{\log(1+m) - \log(1-m)} + 1\right) \approx 2\,B\,(1-A)\,ld \cdot \frac{s}{2\,g} \tag{8}$$

Ein übliches Bandgerät hat einen Störabstand von 60 db, eine Amplitudensicherheit $g = 1$ db und überträgt bei einem Gleichlauffehler $A = 0{,}01$ etwa 16 kHz. Dabei sind 27 Amplitudenschritte (also 4,7 Zweierschritte) unterscheidbar, wodurch die Kanalkapazität bei $1{,}5 \cdot 10^5$ bit/s liegt. Derselbe Kanal ohne störende Modulation hat 1000 AS (ca. 10 Zweierschritte) und seine Kanalkapazität beträgt $3{,}2 \cdot 10^5$ bit/s.

3. Das Ohr als Kanal

Die für die informationstheoretischen Betrachtungen notwendigen Eigenschaften des Gehörs wurden u. a. von ZWICKER und FELDTKELLER [1, 2], sowie JACOBSON [3] untersucht und zusammengestellt. Bei den Untersuchungen des Gehörs wird ein Ton (oder Geräusch) benutzt, dessen Frequenz mit dem Hub Δf oder dessen Amplitude mit dem Modulationsgrad m geändert werden kann. Die gerade hörbaren Änderungen sind abhängig von der Modulationsfrequenz f_{mod}, der Schallintensität L und der Trägerfrequenz f_0. Bei Sinustonuntersuchungen mit einer Modulationsfrequenz von 4 Hz zeigt die Abb. 1 die gerade hörbaren Modulationsgrade im Schallintensitäts-Trägerfrequenz-Diagramm (Hörfläche). Die entsprechenden Verhältnisse bei Frequenzmodulation mit dem Modulationsindex $\Delta f/f_0$ als Parameter werden in der Abb. 2 dargestellt.

In der Abb. 3 wird der Einfluß der Modulationsfrequenz auf den Modulationsgrad bzw. -index gezeigt.

Diese Angaben liefern eine Aufteilung der Hörfläche in unterscheidbare Abschnitte. Innerhalb eines solchen Abschnittes kann die Frequenz und Amplitude des Tones oder Geräusches beliebig geändert werden, ohne daß eine Änderung wahrgenommen wird. Die unterscheidbaren Abschnitte stellen also die zweidimensionale Erweiterung der AS durch die Hinzunahme der Frequenzquantisierung dar. Nach ZWICKER [2] können bei weißem Schmalbandrauschen mit einer Bandbreite von 2 kHz 15000 und bei Sinustönen 300000 unterscheidbare Abschnitte gebildet werden (Abb. 4).

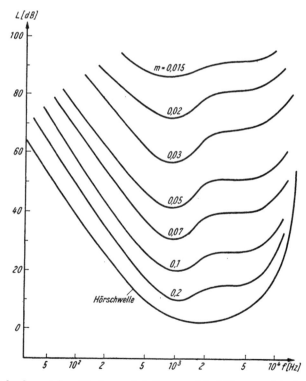

Abb. 1. Gerade hörbarer Amplitudenmodulationsgrad bei Sinusmodulation in Abhängigkeit von der Schallintensität und Trägerfrequenz bei einer Modulationsfrequenz von 4 Hz.

Kanalkapazität des Ohres und optimale Anpassung akustischer Kanäle

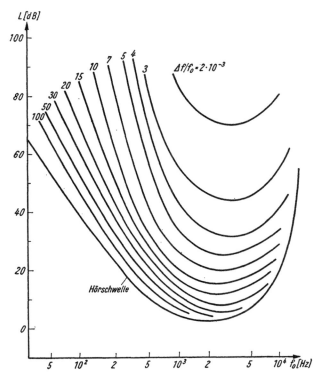

Abb. 2. Gerade hörbare Modulationsindizes bei Sinustonfrequenzmodulation in Abhängigkeit von der Trägerfrequenz und der Schallintensität bei einer Modulationsfrequenz von 4 Hz.

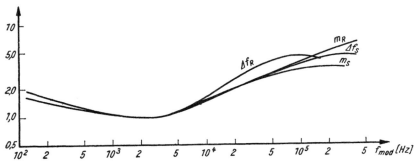

Abb. 3. Auf 4 Hz normierte, gerade hörbare Änderungen ($m/m_{4\,Hz}$; $\Delta f/f_{4\,Hz}$) in Abhängigkeit von der Modulationsfrequenz.

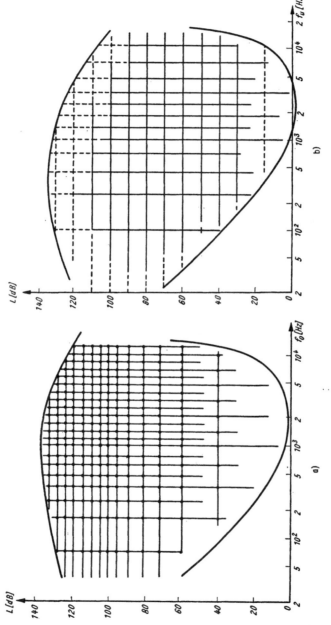

Abb. 4. Unterscheidbare Abschnitte der Hörfläche bei Sinustönen a) (je 1000 zusammengefaßt) und Breitbandrauschen b) (je 100 zusammengefaßt).

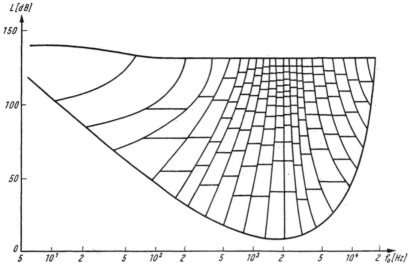

Abb. 5. Unterscheidbare Abschnitte nach JACOBSON (je 250 zusammengefaßt).

JACOBSON [3] verwendet eine andere Einteilung der Hörfläche, die vor allem die Abhängigkeit der Größe der Abschnitte von der Frequenz und Intensität individueller berücksichtigt (Abb. 5) und erhält 330000 Abschnitte.

Eine Methode, die direkt zur Kanalkapazität führt, geht auf GABOR [4] zurück. Er operiert mit Logons (elementare Geräusche), die zweidimensionale Intervalle aus der Zeit-Frequenzspektrum-Darstellung des Schallverlaufes sind.

Die mittlere Zahl der hierfür benötigten Amplitudenstufen wird durch Integration ihrer Anzahl bei den verschiedenen Frequenzen gewonnen. Da nach der Gleichung (2) der dyadische Logarithmus benötigt wird, verwendet JACOBSON einen zu

$$\int ld \, AS(f) \, df \tag{9}$$

analogen Ausdruck und erhält über den gesamten Frequenzbereich als mittlere Anzahl 7,7 Zweierschritte (etwa 200 AS). Durch Multiplikation der 5800 in der Sekunde erkennbaren Logons mit den Zweierschritten errechnet er die Kanalkapazität des Ohres zu 45000 bit/s. Werden die Verdeckungseffekte berücksichtigt, so können nur noch 8 bis 10 · 10³ bit/s angenommen werden.

4. Vergleich zwischen Ohr und Übertragungskanälen

Die Quantisierung ist für die informationstheoretischen Betrachtungen ein Hauptkennzeichen. Während sie beim klassischen Übertragungskanal nur für den Amplitudenbereich und dazu noch in linearer Abstufung vorliegt, existieren beim Ohr und Magnetbandkanal (s. Gleichung 8) nichtlineare Quantisierungen in der Amplituden- und Frequenzskala. Schon aus diesem Grunde liegt ein Vergleich zwischen dem Ohr und dem Magnetbandgerät nahe. Um das zu ermöglichen, wird auch für das Magnetbandgerät die in zwei Dimensionen quantisierte Fläche mit 40000 Abschnitten entsprechend Abb. 6 eingeführt.

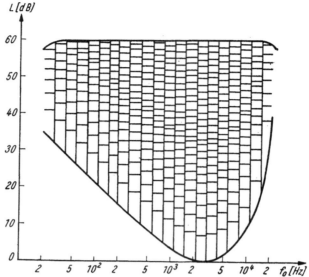

Abb. 6. Die unterscheidbaren Abschnitte für das Magnetbandgerät (je 100 zusammengefaßt).

Beim Vergleich mit den Hörflächen fallen die folgenden Tatsachen auf:
1. Der Hörschwelle entspricht das Grundgeräusch U_s, der Schmerzschwelle die Vollaussteuerung U_g.
2. Der Dynamikbereich ist beim Ohr beträchtlich größer, dennoch genügt das Bandgerät wegen der Verdeckungseffekte des Ohres auch höchsten Ansprüchen.
3. Die Verteilung der Amplitudenstufen ist in beiden Fällen annähernd logarithmisch.
4. Beim Ohr sind die meisten Amplitudenstufen bei ca. 3 kHz vorhanden, beim Bandgerät liegen sie bei der Frequenz $f = v/\lambda_1$ (v Bandgeschwindigkeit, λ_1 Bandkonstante ca. 30—100 μ).
Für die Mehrzahl der Magnetbandgeräte liegt diese Frequenz höchstens eine Oktave entfernt.
5. Die Anzahl der unterscheidbaren Amplitudenstufen nimmt nach hohen und tiefen Frequenzen in beiden Fällen ab. Beim Bandgerät ist das durch die zunehmende Störspannung und außerdem bei hohen Frequenzen durch die nichtexakte Bandführung bedingt.
6. Die Frequenzintervalle sind proportional der Frequenz beim Bandgerät im Gegensatz zum Ohr.

Durch die Berechnung der Kanalkapazität des Ohres nach der Informationstheorie des Magnetbandkanals besteht eine weitere Vergleichsmöglichkeit. Die Zahl der Amplitudenstufen ist nach den Gleichungen (5) bzw. (7) berechenbar und liefert bei der maximalen Dynamik von 140 dB und einem mittleren Amplitudenmodulationsgrad von ca. 5% ($g = 0,4$) etwa 350 AS (8,5 Zweierschritte) in guter Übereinstimmung mit dem von JACOBSON gefundenen Mittelwert von 7,7 Zweierschritten. Schwieriger ist die Annahme eines Mittelwertes für A, da gemäß Abb. 2 dieser Wert ($\Delta f/f_0$) stark von der Frequenz und Schallintensität abhängt. Werden die von JACOBSON für die Kanalkapazität berechneten 45000 bit/s benutzt, so gilt wegen der Gleichungen (2) und (8)

$$A = 1 - \frac{C}{BZ} = 1 - \frac{45000}{2 \cdot 16000 \cdot 7{,}7} \approx 0{,}82 \ . \tag{10}$$

Dieser große Wert ist für die praktischen Anwendungen nicht nutzbar, da die technischen Geräte auf den kritischsten Fall eingestellt werden müssen. Bei $A = 0{,}01$ ergibt sich eine Kanalkapazität von 250000 bit/s.

5. Anpassung verschiedener Kanäle an das Ohr

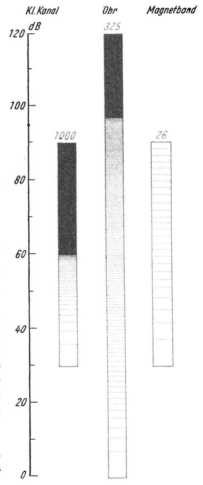

Nach den vorangegangenen Betrachtungen hat das Magnetbandgerät bereits eine sehr gute Anpassung an die Eigenschaften des Ohres. Da diese Tatsache bislang nicht bekannt war, ist es erstaunlich, daß es rein zufällig derartige gute akustische Eigenschaften erhalten hat. Das wird besonders deutlich, wenn es für die Meßtechnik verwendet werden soll. Dabei stört die kleine Anzahl der Amplitudenstufen, die nur eine geringe Genauigkeit zuläßt. Vom informationstheoretischen Standpunkt aus gesehen ist die heutige Langspielplatte besser.

Es muß daher umgekehrt möglich sein, die Übertragungseigenschaften von Kanälen ohne störende Amplitudenmodulation zu verbessern. Im folgenden sollen die hierfür zur Zeit nutzbaren und denkbaren Möglichkeiten aufgezeigt werden:

Die Verteilung der Amplitudenstufen für eine feste Frequenz beim Ohr, Magnetbandgerät und klassischem Kanal zeigt die Abb. 7. Während das Magnetbandgerät wenige gut angepaßte Stufen besitzt, hat ein klassischer Kanal zu viele, die aber sehr unzweckmäßig liegen. Aus diesem Grunde kann er akustisch vollkommen ungenügend genützt werden.

Abb. 7. Die Lage der verschiedenen Amplitudenstufen bei ca. 3 kHz für das Ohr, den klassischen Kanal und das Magnetbandgerät.

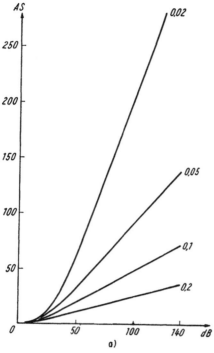

Eine wesentliche Verbesserung läßt sich durch eine passende Zuordnung der Amplitudenstufen erreichen. Zu diesem Zweck könnte eine nichtlineare Kennlinie vor den klassischen Kanal geschaltet werden, welche die Momentanwerte der Eingangssignale zweckentsprechend verzerrt. Am Ausgang müßte eine reziproke Anordnung das Original wieder herstellen.

Wegen der störenden Klirrfaktoren bietet bisher nur die reziproke Dynamikregelung brauchbare Anwendungsmöglichkeiten [5] (s. auch [6]). Unter diesen Voraussetzungen kann über einen Kanal mit 50 db Störabstand (300 AS) der genannte Dynamikbereich des Ohres übertragen werden, während die Magnetbandqualität bereits bei 25 dB erreicht wird. Die Umrechnung zwischen diesen Werten bei verschiedenen Modulationsgraden zeigen die Abbildungen 8a und b.

Ein weiterer, die Kanalkapazität mindernder Einfluß ließe sich dadurch errei-

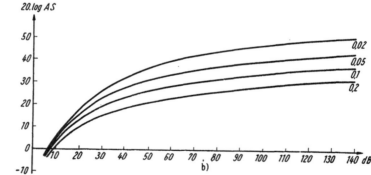

Abb. 8. Die Anzahl der unterscheidbaren Amplitudenstufen in logarithmischer a) und linearer b) Darstellung in Abhängigkeit vom Störabstand mit dem Modulationsgrad als Parameter.

chen, wenn berücksichtigt wird, daß der Störabstand und die zulässige AM von der Frequenz abhängig sind. Beim Magnetbandgerät liegt auch hier wieder eine sehr günstige Anpassung vor, während für die üblichen Kanäle dieser Vorteil kaum nutzbar ist.

Weder beim bisherigen Bandgerät noch bei den klassischen Kanälen wird die zulässige, frequenzabhängige Unsicherheit in der Frequenzreproduzierbarkeit genutzt (s. Gl. (10)). Gerade hierdurch ist die Kanalkapazität des Bandgerätes im Vergleich mit dem Ohr zu groß. Um eine bessere Anpassung zu erreichen, müßte in Analogie zu den Amplitudenstufen eine nichtlineare Frequenzzuordnung realisiert werden. Bisher sind Vierpole mit derartigen Eigenschaften nur in Sonderfällen des Magnetbandkanals möglich. Die Auswirkung dieser Möglichkeiten bei der Anwendung auf den normalen Kanal sind auch theoretisch noch nicht zu überblicken.

Zusammenfassung

Aus vergleichenden Betrachtungen und Berechnungen der Kanalkapazität von Ohr, Magnetband- und „klassischem" Übertragungskanal wird eine Diskussion zur verbesserten Anpassung akustischer Kanäle an das Ohr gegeben.

Literatur

[1] FELDTKELLER, R. u. ZWICKER, E., Das Ohr als Nachrichtenempfänger. S. Hirzel-Verlag, Stuttgart 1956.
[2] ZWICKER, E., Die elementaren Grundlagen zur Bestimmung der Informationskapazität des Gehörs. Acustica 6 (1956) 365.
[3] JACOBSON, H., Information and the Human Ear. J. Acoust. Society Amer. 23 (1951) 463.
[4] GABOR, D., Theorie of Communications. J. Inst. Elec. Engrs. (London) 93 III (1946) 429.
[5] VÖLZ, H., Beitrag zur reziproken Dynamikregelung. Hochfrequenztechnik und Elektroakustik 67 (1958) 87.
[6] v. GUTTENBERG, W. u. HOCHRATH, H., Ein Kompander für Rundfunkprogramm-Übertragung. NTZ 13 (1960) 5.

Aus der Ganz-Mávag Poliklinik, Budapest

Kritische Bemerkungen zur Frage der Materialermüdung beim lebenden Knochen

B. BUGYI, Budapest

In diesen Tagen begeht die altberühmte Charité zu Berlin ihre 250-Jahrfeier. Es sei mir gestattet, dies zum Anlaß zu nehmen, hier einen Mann zu nennen, der in den ersten Lebensjahren der Charité ein geachtetes Mitglied der Königlich-Preußischen Sozietät der Wissenschaften in Potsdam war und durch sein vollkommen materialistisch eingestelltes Buch: „Der Mensch als Maschine" über seine engeren Fachkreise hinaus bekannt wurde. Ich meine den Philosophen und Mediziner LA METTRIE, dessen Lebensdaten und Tätigkeit ich in diesem Kreise als bekannt voraussetzen darf und dessen Werk, wie wir wissen, oft im Mittelpunkte schärfster Diskussionen und Auseinandersetzungen gestanden hat.

I.

Die Einschätzung des Werkes von LA METTRIE hat sich im Verlaufe der Zeit etwas gewandelt. Während zu seinen Lebzeiten seine Anschauungen fast durchweg nur angegriffen und abgelehnt wurden, werden sie heute wenigstens in gewisser Hinsicht durchaus beachtet und sogar mitunter als richtungsweisend angesehen. Zwar ist die ursprünglich primitiv mechanistisch-materialistische Auffassung von LA METTRIE durch die moderne Entwicklung in der Philosophie schon lange überholt und wird heute vom philosophischen Standpunkte recht kritisch angesehen und bewertet. Aber in der Medizin wird — trotz der sicherlich berechtigten philosophischen Kritik — die Anschauung von LA METTRIE in ihrer ursprünglichen Form auch heute noch als Grundlage und Basis aller theoretischen und praktischen Ableitungen und Erwägungen in der Arbeitsphysiologie und Arbeitshygiene fast uneingeschränkt verwendet. Neuere theoretische Ansichten eines bestimmten physiologischen Zweiggebietes, das unter der von N. WIENER eingeführten Fachbezeichnung *Kybernetik* allgemein bekannt ist, können als direkte Weiterführung der ursprünglichen Konzeption von LA METTRIE angesehen werden.

Wir betrachten den Menschen in der Tat als eine reine Maschine, wenn wir behaupten, daß die Arbeitsform bzw. diejenige sportliche Bewegung die richtigste sei, welche bei gleicher Arbeitsleistung den geringsten Verbrauch an O_2 bzw. die kleinste Produktion von CO_2 erfordert, d. h. wenn der Wirkungsgrad oder Nutzeffekt des arbeitenden Organismus maximal ist. Diese vor allem von DU BOIS RAYMOND inaugurierte und von ATZLER und anderen deutschen Forschern weiter gesicherte Auffassung und Methode hat zweifellos zu sehr wichtigen theoretischen und praktischen Ergebnissen geführt und bildet die Grundlage jeder arbeitsphysiologischen Forschung. Sie wird jedoch offensichtlich von den Bewegungs-, Zeit- und Ermüdungsstudien sowjetischer und amerikanischer Forscher mehr und mehr in ihrer allgemeinen Bedeutung, zumindest für die Praxis der Rationalisierung in der Industrie, eingeschränkt. Dementsprechend verliert die ursprüngliche Auffassung von LA METTRIE ebenfalls ihre besondere Bedeutung für die praktische Arbeits- und Sportphysiologie.

II.

Dagegen hat sich eine andere Folgerung aus der Auffassung von LA METTRIE in der Arbeits- und Sportmedizin nach wie vor praktisch in vollem Umfang erhalten. Wenn der Mensch wie eine Maschine arbeitet, dann müssen auch die Teile dieser Maschine — die Materie der Körper-Maschine — infolge der Inanspruchnahme abgenützt werden. So müssen letzten Endes prinzipiell die gleichen Ermüdungserscheinungen bzw. Ermüdungsbrüche auftreten, wie sie bei Dauerbeanspruchung bei den Materialien der Technik bekannt sind. Diese aus der Ansicht LA METTRIES fast notwendig sich ergebende Folgerung könnte einerseits eine Erklärung der biomorphologischen Alterungserscheinungen geben, andererseits aber auch die Grundursache mancher Sport- und Arbeitskrankheiten bzw. -schäden bilden. So haben bereits vor zwei Jahrzehnten BAETZNER u. a. praktisch sämtliche Sport- und Arbeitsschäden der Knochen und darüber hinaus des gesamten Organismus einfach als Aufbrauchserscheinungen erklärt, wenn keine besonderen toxischen oder andere Einwirkungen nachzuweisen waren. Daß die Frage der Materialermüdung weitgehend natürlich auch praktische Bedeutung besitzt, wird besonders durch die Tatsache erhärtet, daß auf dem 1958 in Moskau abgehaltenen Internationalen Sportärztekongreß besonders die Mikrotraumen bzw. die Ermüdungserscheinungen der organischen Gewebe nach sportlichen oder beruflichen Einwirkungen ein Hauptthema des Kongresses gebildet haben. Einzelheiten, die auch vom biophysikalischen Standpunkt aus interessant sind, müssen aus dem Kongreßbericht entnommen werden.

Wir möchten im folgenden auf Grund eigner röntgenologischer Untersuchungen das Problem der Ermüdung von Knochen- und Knorpelmaterie kurz besprechen. Wir möchten weiterhin zur Frage, ob diese Ermüdungserscheinungen im Sinne von LA METTRIE rein mechanistisch-materialistisch erklärt werden können, kritisch Stellung nehmen.

III.

Als ein typischer Ermüdungsbruch wird die *Schipperfraktur* der Dornfortsätze der obersten Rücken- bzw. der untersten Halswirbel angesehen. Sie wird dementsprechend auch als Berufskrankheit anerkannt.

Wir haben einen derartigen Fall kritisch auf irgendwelche Anzeichen einer Materialermüdung untersucht. Hierzu wurde der Mineralstoffgehalt des abgebrochenen Dornfortsatzes des ersten Rückenwirbels densimetrisch gemessen und weiterhin die Zahl der Trabeculae je Flächeneinheit bestimmt. Wir haben dazu entsprechend den Vorschlägen von A. STŘEDA in vergrößertem Maßstabe photographische Aufnahmen angefertigt und unter dem Mikroskop die Zahl der Trabeculae pro Flächeneinheit ermittelt. Die densimetrischen Messungen wurden in der üblichen Weise ausgeführt.

So wurde der abgebrochene Dornfortsatz des ersten Rückenwirbels mit den benachbarten Dornfortsätzen, die kein Trauma erlitten hatten, densimetrisch und in bezug auf die Trabekelzahl je Flächeneinheit verglichen. Mit keiner der beiden Methoden ließ sich ein Unterschied zwischen dem abgebrochenen und den intakten Dornfortsätzen erkennen. Unsere Untersuchungen beweisen, daß bei dem betroffenen Dornfortsatz weder der Mineralstoffgehalt noch die Struktur verändert ist. Nach den bisherigen Anschauungen sollte aber ein Dornfortsatz mit Schipperfraktur wesentliche Erscheinungen der Materialermüdung aufweisen. Sie müßten sowohl die Struktur als auch die Zusammensetzung der Dornfortsätze verändern. Hierdurch sollte die Schipperfraktur erleichtert bzw. überhaupt erst bedingt werden. Wir konnten derartige Veränderungen, die auf eine Ermüdung des Materials hindeuten, jedoch nicht nachweisen. Deshalb scheint uns die Vermutung, daß bei der Schipperfraktur Erscheinungen eine Rolle spielen, die mit der technischen Materialermüdung vergleichbar sind, sehr revisionsbedürftig zu sein.

IV.

Ähnliche Messungen haben wir zur Untersuchung der Knochenveränderungen, wie sie bei Preßluftarbeitern auftreten, durchgeführt. Neben den üblichen klinischen Untersuchungen wandten wir wiederum die Trabekelzählung und die Densimetrie an. Bekanntlich treten infolge der Vibration der Preßluftwerkzeuge häufig Läsionen der Carpal- oder Handwurzelknochen auf, die in Form aseptischer Knochennekrosen insbesondere der Lunatumnekrose nach KIENBÖCK und auch in Form größerer Zysten der Handwurzelknochen zur Beobachtung kommen. Wir haben bei Preßluftarbeitern die makroskopische Struktur, die Trabekelzahl, also die Mikrostruktur, und densimetrisch den Mineralstoffgehalt der Handwurzelknochen untersucht. Auch dann, wenn infolge von Vibrationseinwirkungen Zysten der Handwurzelknochen einwandfrei festzustellen waren, konnten wir keine im Sinne von Ermüdungserscheinungen des Materials zu deutende Veränderung der Struktur oder der Zusammensetzung der Knochen nachweisen.

Es wurde oftmals vermutet, daß irgendwelche Verschiedenheiten in den „Ermüdungserscheinungen" dafür verantwortlich wären, daß es bei einzelnen Preßluftarbeitern zu einer Lunatumnekrose, bei anderen dagegen zu einer Zystenbildung kommt. Wir möchten uns dagegen an Hand unseres Materials der Auffassung von GUARESCHI und MARINONI anschließen, daß diese unterschiedlichen Läsionen eine rein anatomische Entstehungsursache haben. HULTÉN hat schon im Jahre 1928 festgestellt, daß Ulna und Radius in ihren distalen End-Articulations-Flächen nicht unbedingt in der gleichen Ebene liegen. Ist dies der Fall, dann spricht er von Null-Varianten. Es kann aber auch die Articulationsfläche der Ulna 1 mm oder mehr vor der des Radius stehen. In diesen Fällen liegen Plus-Varianten vor. Schließlich kann die Endfläche der Ulna 1 mm oder mehr hinter der Endfläche des Radius stehen, was als Minus-Variante bezeichnet wird. Die KIENBÖCKsche Lunatumnekrose ist nun nach den Untersuchungen von GUARESCHI und MARÍNONI vor allem bei solchen Preßluftarbeitern zu finden, die eine Minus-Variante nach HULTÉN aufweisen. In der ungarischen Bevölkerung tritt dieser Fall auffallend selten auf und es scheint deshalb erklärlich, daß wir in unserem Beobachtungsgut keine reinen Lunatumnekrosen feststellen konnten. Zysten sind entsprechend bei Plus-Varianten zu finden. Unsere eigenen Untersuchungen stimmen in dieser Beziehung mit den Ergebnissen von GUARESCHI vollkommen überein. Hierdurch wird klar, daß einzig und allein die anatomischen Verhältnisse entscheidend sind für die Art der Veränderung, die der Handwurzelknochen bei Preßluftarbeiten erleidet.

V.

Auch Haltungsfehler, die durch gewisse einseitige körperliche Einwirkungen beruflicher oder sportlicher Art bedingt sind, können orthopädische Deformationen mit Umbau von Knochen- und Knorpelsubstanz verursachen. Hierauf hat SCHRÖTER ausdrücklich hingewiesen und HOLSTEIN widmet diesen Fragen in seinem Lehrbuch der Arbeitsmedizin eine ausführliche Besprechung. Wir können deshalb von einer Erörterung dieser Krankheitsbilder absehen. Die meisten durch Beruf oder Sport hervorgerufenen Knochen- und Knorpelläsionen sind nicht als Ermüdungserscheinungen im Sinne der Technik, sondern als Folgen von Mikrotraumen mit entsprechenden physiologischen und pathologischen Reaktionen aufzufassen. Wir glauben zum Schluß auf Grund unserer eignen Untersuchungen feststellen zu dürfen, daß die so allgemein verbreitete mechanistisch-materialistische Meinung der Identität von Mensch und Maschine einer kritischen Nachprüfung und Überarbeitung bedarf.

Literatur

[1] BAETZNER, Über Sport- und Arbeitsschäden. Georg Thieme, Leipzig.
[2] BUGYI, Über Knochenveränderung der Kesselschmiede. Zbl. für Arbeitsmedizin 7 (1957) 39.
[3] DRISCHEL, Organismische Reglertheorie. Bericht der 2. Arbeitstagung Biophysik. Berlin 1954, S. 28.
[4] GUARESCHI, Quaderni di Radiologia 24 (1959) 140.
[5] HOLSTEIN, Grundriß der Arbeitsmedizin. J. A. Barth, Leipzig 1954.
[6] WIENER, Cybernetics, New York, 1948.
[7] MENDEL, Über LA METTRIE. Vorlesung in der Ung. Medizin.-Historischen Gesellschaft 1960.
[8] PETROW, Die Geschichte der Medizin. Volk und Gesundheit. Berlin 1958.
[9] SCHRÖTER, Die Berufsschäden des Stütz- und Bewegungssystems. J. A. Barth, Leipzig 1958.
[10] STŘEDA, Über Osteoporose. Vortrag gehalten an der tschechoslowakischen Radiologen-Tagung 1959, nicht veröffentlicht.